EXTRAORDINARY BIRDS

神奇的鸟类

[美] 保罗·斯维特——著 梁丹——译 刘阳——审订  AMERICAN MUSEUM ○ NATURAL HISTORY

Essays and Plates of Rare Book Selections from
the American Museum of Natural History Library

PAUL SWEET

第 2 版

重庆大学出版社

目录

第一部分
鸟类学的历史（作者：彼得·卡佩恩诺罗）

第二部分
文章和插画（作者：保罗·斯维特）

序

爱伦·V. 富特（Ellen V. Futter）

美国自然博物馆馆长

在美国自然博物馆的生物馆藏里面，鸟类标本无疑是最引人注目、最不同寻常、最显眼多彩的。毫无疑问，无论对于业余的，还是专业的博物学家，长期以来他们都会被鸟类的行为和外观深深吸引。许多野生动物和自然艺术家们把他们的一生奉献给了描绘这些独特的生物上，力求将鸟类所有华丽的细节以艺术的形式原汁原味地展现在画布或画纸上。

本书带来的是从文艺复兴时期到 20 世纪美国自然博物馆学术图书馆的珍本典藏中最具科学意义、最珍贵稀有、最美丽的鸟类插图。

研究鸟类的科学 —— 鸟类学 —— 长期以来都是博物馆研究和教育工作的核心内容。美国自然博物馆是世界上拥有最多数量、最高科学价值的鸟类标本的博物馆之一。其馆藏涵盖了现今全世界鸟种类的 99%，共近 100 万件鸟类标本。其中包括了一批稀有的、已经灭绝的鸟种，以及许许多多的模式标本[1]，这些馆藏不仅是研究人员，也是世界上的鸟类学者和他们的研究生的宝贵科研资源。

回顾博物馆的历史，鸟类标本馆的馆员们对了解鸟类的进化、系统学、生物地理学和保护起到了重要的推动作用。著名鸟类学家弗兰克·查普曼（Frank Chapman）是博物馆最早的馆长之一。他除了创建博物馆的鸟类标本馆之外，还是美国早期保护运动的领袖，甚至还

1　模式标本：由原始描述者在发表新种时所采集的系列标本，分为正模标本和副模标本。——译者注

启发了西奥多·罗斯福（Theodore Roosevelt）总统建立美国联邦鸟类保护区和其他保护地。

后来，詹姆斯·查宾（James Chapin）对刚果的鸟类进行了很重要的野外研究，恩斯特·迈尔（Ernst Mayr）开辟了系统学领域的工作，对进化生物学产生了深远的影响。延续至今的工作使得研究者们能够运用分子系统学手段所获得的生命进化树，将所有的鸟类联系起来，并且和古生物学的同行合作阐明了恐龙和现生鸟类之间的关系。

博物馆的参观者总是被栖息地的立体模型所吸引，但是很多人不知道博物馆最初一批立体布景和模型是那些陈列在伦纳德·C.桑福德（Leonard C. Sanford）展厅里的北美鸟类。其他的展厅则展示了放置在不同自然布景中的世界鸟类。这些精心的设计显示出我们力图以鸟类作为载体，向公众精心展示出一个自然博物馆在科学研究、自然教育和公众展示等方面所应有的功能。同时，我们希望借助此书，使读者一窥绚丽的世界鸟类的多样性。这些神奇的鸟类曾被许多伟大的科学家和艺术家所描述与绘制，也能激发我们对这个世界的好奇心。

引　言

汤姆·拜恩（Tom Baione）

美国自然博物馆学术图书馆

哈罗德·伯申斯坦研究室主任（Harold Boeschenstein Director of Library Services）

我们图书馆藏书里所描述的鸟类是多么的不可思议啊！你即将看到的是一幅幅精美的插图，它们展示的不仅仅是这些美妙、漂亮、多种多样的带有羽毛的生物，还有作者和插图画家以及过去5个世纪以来动物学和鸟类学发展成为专门的科学学科的进程。这些卓越的工作见证了正在发展的复杂的书籍印刷处理技术，从最早的带有木版插图的少量印刷版本，到雕版和平版印刷术时代，再到今天的综合鸟类图鉴。

博物馆的学术图书馆从建立以来就是博物馆的一部分，我们馆藏的大量书籍和杂志，以及广泛收集的专门的资料不仅是博物馆的历史，也是自然科学的历史。与我们珍本收藏馆中大量的艺术品相比，学术图书馆大量的原创艺术——绘画、雕刻以及其他类似的东西都黯然失色，本书中所选的插图就来源于珍本收藏馆。翻阅这些大部头的书籍，每一本都是博物艺术的杰作。事实上，每个单一的刻板，其本身就是艺术十分独特的一部分。这些版本被私人艺术家和画家从原始的黑白印刷的线条转换成了生动且色彩缤纷的杰作。

无论是展现在宫殿的墙壁或者拉伸的画布上，还是凹陷的天花板上，图画都是一种交流新发现或者新观察的方式。而且无论是以前还是现在都仅仅只有少量的人可以看到。在版画复制技术和其他出版形式发展之前，以动物作为主题的科学书籍非常小众。印刷工业的发展则改变了这种状况，印刷技术的进步令便携版的书籍得到更为广泛的分享与传播。试想一下，一本书中的一幅绘画，一旦可以传递给新的读者，就可能获得更为广泛的读者。这样就能更好地向大众传播作者和插画师想要表达的信息。本书中这些华丽的鸟类插图，就是从图书馆的珍藏本中精心挑选出来的，无论是它们个体的特征还是姿势，都能以一种独特的方式吸引读者，这种魅力远胜于单纯的文字描述，甚至是现代摄影难以企及的。

前 言

保罗·斯维特（Paul Sweet）

美国自然博物馆脊椎动物学部鸟类学分部标本馆主管

鸟类是地球上最显而易见和普遍存在的生物。从最大的都市到最遥远的岛屿，从寒冷的极地到炎热的赤道都能看到鸟类的踪影，鸟类从来不曾远离我们。人类对鸟类的着迷可以追溯到史前，南欧出土的旧石器时代的洞穴壁画上的鹤、雁和鹰，以及澳大利亚的 40 000 年以前原始石头艺术展示的已经灭绝的鸸鹋近缘种。早期的人类用图像作为象形文字，甚至通过观察象形文字来预测未来。有意思的是，"幸运的"（auspicious）源于拉丁文"avis"，是鸟类的意思；"spicere"意为"去看"，源于通过观察鸟类的行为来预测事件的习惯。虽然鸟类学这门学科或者说对鸟类的科学研究是出现在古典时期，最为显著的是通过亚里士多德以及普林尼等古希腊学者的工作，但是第一本关于鸟类学的书籍直到 16 世纪才出现。16 世纪的文艺复兴推动了科学和艺术的巨大发展，也许没有比鸟类学中的插画绘制工作更能将科学和艺术紧密结合在一起的了。

在本书的第一部分，美国自然博物馆鸟类学部资深研究员彼得·卡佩恩诺罗（Peter Capainolo）对鸟类和鸟类学做了介绍和定义。在第二部分中，作者将追溯鸟类学的历史，通过选自美国自然博物馆馆藏的珍本和对开本中的插图，介绍一批博物学家、探险家、标本采集家和艺术家们在几个世纪以来所做的工作，这些工作奠定塑造并影响了鸟类学。

由贝隆、格斯纳和阿尔德罗万迪共同撰写的最早的关于鸟类的书籍要追溯到 16 世纪，该书仅仅只是包括了欧洲的鸟类，这反映出当时对欧洲海岸线以外的世界缺乏认知。然而，到 18 世纪，随着探险家们对美洲、非洲、亚洲和太平洋的持续探索，欧洲收藏家的收藏柜里才有了新物种和来自异国物种的标本。同时，像斯隆和凯茨比这样的博物学家在新的殖民地的领土上停留了较长时间，并记录了他们所遇到的鸟类的栖息地和习性等方面的信息。直到 19 世纪，随着欧洲殖民者的殖民地遍布全球，鸟类学发现的黄金时期也开始了。莱瓦来兰特、维德、吉尔伯特和斯文森等标本采集家将采集区域推进到未知的大陆彼岸，而达尔文、华莱士和帕默则在偏远的岛屿和列岛进行鸟类采集。他们的标本采集活动开始在大不列颠、法国和荷兰等欧洲列强的海外殖民地中涌现。与此同时，这些国家建立起了大型的国家自然博物馆并聘请特明克、格雷、夏普等专业的鸟类学家描述和发表新采集的物种。还有一些像斯坦利勋爵、罗斯柴尔德勋爵等富有的业余鸟类学家也建立了庞大的私人收藏库。而在这一时期，刚建国不久的美国也作了一些贡献，较为突出的是威尔逊、卡森和奥杜邦的工作，使得美国迅速发展成为世界鸟类学研究的重要中心。

　　同一时期的图书出版也与当时印刷技术的发展相一致，使得每本书有更多的、华丽的插图。博物馆文物保护员芭芭拉·罗兹（Barbara Rhodes）用 3 篇文章来尝试解说这些印刷品的制作，从木版印刷第一次运用到有插图的鸟类书籍中开始，随后，木版印刷被金属雕版所取代，在巴拉班和奥杜邦将其与蚀刻术处理和精致的手工着色相结合时达到顶峰。最后，随着 19 世纪早期石版印刷的发明，插图画家再没必要雇用雕刻工将他们的工作翻印到纸上。因此，在维多利亚时期带插图的专著出版达到了鼎盛，在罗斯柴尔德、艾略特和古尔德的代表著作中，我们不难发现一些插图艺术家们，如沃尔夫、斯密特、里克特和科尔曼斯等的精美作品。

　　我们期望将这些著作中所包含的艺术之美以它们自己的方式展现给大家，但是读者也应该知道，这些作品不仅仅是重要的历史档案，也是重要的科学文献，为鸟类分类、命名和识别提供了基础。这些作

者对鸟类的描述和所拟定的鸟类学名，仍然是每一种鸟类命名历史沿革的一个重要部分，甚至很多鸟类的名称被沿用至今。因为鸟类学名经常产生变化，为了统一和规范，本书所用的学名以爱德华·C.迪金森（Edward C. Dickinson）编著的《世界鸟类名录》（*The Complete Checklist of the Birds of the World*）第三版为准。

　　从这样一系列顶级的珍本收藏中选择符合博物馆特点的插图是极其困难的，所以我选择的能够收入本书的作品，不仅仅是那些能最好地展现鸟类学学科发展的插图，而且兼顾了那些在分类上具有重要特征以及独特艺术价值的鸟类插图。我希望读者们能够享受我们精心选择的内容，也能从那些为了探索世界、采集鸟类、创作精致的插图、为科学知识的发展和在鸟类学迷人的历史进程作出极大贡献的人们和他们的故事中有所收获。

1.

1. 约翰·古尔德（John Gould）出版了一系列最优秀和最受欢迎的鸟类专著。这幅由康斯坦丁·里克特（Constantine Richter）所作的漂亮的斑背燕尾（*Enicurus maculatus*）石版画就是出自古尔德的《亚洲鸟类》（*Birds of Asia*）。

第一部分

鸟类学的历史

作者：彼得·卡佩恩诺罗

什么是鸟类学？

鸟类学"ornithology"这个单词源于古希腊文字"ὄρνις ornis"（鸟）和"λόγος logos"（原理或说明），是一门运用科学方法研究鸟类的学科，属于动物学的一个下属分支。和物理、化学那些看起来"更难"的科学不同，鸟类学允许业余爱好者对该领域作出卓越的贡献。鸟类无处不在，其分布还极具多样化，这样使得那些不是专业鸟类学家的人们也可以观察鸟类，记录鸟类物种和数量，甚至还可以在自家庭院建立喂食器观察鸟类取食行为。养鸟者、鸟类爱好者和饲养员拓展了人们对鸟类繁殖生物学的知识，包括繁殖行为和遗传，我们后面将对这部分进行讨论。

人类对鸟类的兴趣可以追溯到上古时期，彼时我们史前的先祖们一定已关注到在天空中惬意翱翔的生物，而且对这些生物产生了好奇。但作为一个专业学科，鸟类学是相对较新的学科。从某种程度上说，鸟类学帮助发展了进化论、行为学和生态学等领域的很多关键概念，包括物种的定义、物种形成过程、新物种形成机制、本能和学习，以及生态法则等。

早期鸟类学家的工作集中在描述物种并绘制其地理分布范围。现在被称作动物学家的科学家们通常用鸟作为一个模式来回答更多的、特定的科学问题，验证假说和发展理论。这些运用鸟类作为研究对象的生物学家被称为鸟类学家。康奈尔大学曾设有专门的鸟类学专业，在20世纪的大部分时间里，这些专业毕业的学生成为促进鸟类学蓬勃发展的关键力量。鸟类学发展历史能反映一般生物学历史的趋势。要理解和鉴别这些的话，我们应该首先关注鸟类的基础生物学，然后才是鸟类学怎么样作为一个专门的学科进行演变的。随后，我们将了解到一些先驱鸟类学家以及他们对这个领域的贡献。

1. 这幅斯里兰卡蓝鹊（*Urocissa ornata*）的石版画出自约翰·古尔德的《亚洲鸟类》。我们很难相信这种羽毛鲜艳的鸟类竟然与乌鸦和渡鸦属于同一个科。

J. Gould and H.C. Richter del et lith.

CISSA PYRRHOCYANEA.

Hullmandel & Walton Imp

1.

什么是鸟类？

广义上来说，鸟类是体表覆羽、恒温（温血）、卵生（产卵）、具脊椎（拥有脊柱）的四足动物，分类地位属于鸟纲。现在世界上共有鸟类 10 000 种，从两极到赤道，它们几乎占据了所有的生态位。鸟类是一个多样且数量巨大的纲，其身体大小范围从约 2.7 米的鸵鸟（*Struthio camelus*）到仅 5 厘米的吸蜜蜂鸟（*Mellisuga helenae*）不等。无论它们的大小、形状和行为是否相同，所有的鸟类都具有鸟纲的特征：包括覆羽、喙中牙齿退化、高新陈代谢率，以及骨骼系统、排泄系统和生殖系统的独特特征。虽然大小和体形多样，但所有的现生鸟类都有由前肢特化成的翅膀。因为我们通常认为鸟类已经掌握了飞行的能力，但许多鸟类比如鸵鸟、美洲鸵和企鹅不能飞行，这就意味着它们的祖先具有飞行的能力但是在自然选择下失去了这种能力，而拥有快速奔跑或快速游泳的能力。有时候，哪怕同一科里面大多数鸟类都能飞行，也有不会飞的那种鸟。比如，新西兰的新西兰秧鸡（*Gallirallus australis*）和南秧鸡（*Porphyrio hochstetteri*）就不能飞行，世界上唯一不能飞的鹦鹉也在新西兰，即极度濒危的鸮鹦鹉（*Strigops habroptila*）。

有些鸟类以它们的迁徙飞行模式而闻名，比如信天翁，在一个迁徙周期中可以绕地球一圈。鸟类的鸣唱和鸣叫显示其具有高水平的社会发展模式。一些鸟类，比如乌鸦，具有高智商，不仅可以使用工具，甚至还可以用树枝或树叶来制作这些工具。

此外，鸟类的婚配制度和繁殖策略也是十分复杂的。有些鸟类是单配制，也有鸟类每个繁殖季节选择不同的配偶。鸟类筑巢和对卵和幼鸟的照料方式也不尽相同，有些鸟类雌雄亲鸟都参与照料，有些则由雌鸟单独抚育后代。还有一些巢寄生的鸟类，比如杜鹃和燕八哥，它们将卵产在其他物种的巢里，让寄主的亲鸟替它们抚育后代。

分类和进化

现代分类学之父、瑞典医师、植物学家、博物学家卡尔·林奈（Carl Linné，1707—1778）提出了我们今天广泛使用的双命名法。这个法则规定科学家首次给一个生物命名时，应包括一个属名和一个种加词。用双命名法命名的每个生物都有唯一的拉丁化的名字，以免鉴定时出现混淆。例如，旅鸫（英文俗名为 American Robin）和欧亚鸲（英文俗名为 European Robin）是不同的物种，但是它们的俗名都是"知更鸟"（robin），这可能导致美国和欧洲的鸟类学家们混淆两种鸟类。然而，根据林奈的分类和命名法则，旅鸫的学名为 *Turdus migratorius*，欧亚鸲的学名为 *Erithacus rubecula*，这就避免了俗语化的名字带来的混淆。

林奈用这个系统描述和命名了大量的动植物物种。1758 年出版的《自然系统》（*Systema naturae*）的第十版包含了 4400 种动物的描述和它们各自的第一个学名，其中许多都是鸟类。

林奈分类系统将鸟类和其他动物放在更高的分类阶元，一直到纲一级。鸟纲仅仅只包括鸟类。例如，康纳德·雅各布·特明克（Coenraad Jacob Temminck）于 1825 年对地中海隼的基本分类描述如下：

界：动物界 Animalia（所有动物）

门：脊索动物门 Chordata（所有脊索动物）

亚门：脊椎动物亚门 Vertebrata（具有脊柱的脊索动物）

纲：鸟纲 Aves（所有鸟类）

2. 卡尔·林奈的《自然系统》第十版的扉页，出版于 1758 年，该书包含了超过 4400 种动植物的描述和科学名。

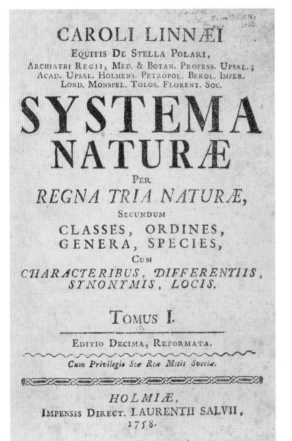

2.

目：隼形目 Falconidae（隼、小隼、森林隼和卡拉卡拉鹰）

属：隼属 *Falco*（"真正"的隼）

种：*biarmicus*（"双臂"）

　　所有动物，包括脊椎动物和无脊椎动物，都具有某种广泛的复杂性。例如，脊索动物是在生命的早期阶段具有背神经管的动物。并不是所有的脊索动物都有骨化的脊柱，但是那些有硬骨化脊柱的类群，比如鸟类就被归于脊椎动物亚门中，称为脊椎动物。在纲一级上，鸟类在动物界中是十分独特的。对于一个被分类学家归入鸟纲的动物来说，必须拥有羽毛和其他仅存在于鸟类的解剖学特征。

　　在上面的例子中，目一级的隼形目（Falconiformes）是"隼样的"意思（目的名字一般都有"iformes"的后缀），这意味着它拥有猛禽的特征，比如向下带尖钩的喙和脚趾末端锋利的爪子。而一些和隼亲缘关系较远的猛禽的许多种类也有这些特征。例如，猫头鹰也具有这些特征，但是它们并不是隼，而是属于一个完全不同的目：鸮形目（Strigiformes）。

　　科名往往有一个"idae"的后缀。在科一级上，特征的相似性十分明显，当然也存在一些不同。骨骼结构、肌肉排列，甚至鸣声和其他行为可能可以指明这一级的关系。

　　对属一级的要求则更高，地中海隼有一系列的在隼属（*Falco*）的所有鸟类拥有的特征，因此才能属于这个属。这些特征包括一个齿突，但其实这并不是真正的牙齿，而是位于喙的下部的尖端后面的两排齿状凸起。在喙的下部的下颌骨有这些凸起匹配的凹槽。隼属的隼类在杀死那些脊椎动物猎物时用啄缘齿咬进它们的颈部，这种行为很大程度上有利于捕猎。

　　最后，种加词是一个能表现这个鸟类某些特征的拉丁化词语，*biarmicus* 是"双臂"的意思，指在喙的两边的齿突。

　　属名的首字母通常为大写，而种加词的首字母则为小写。这样，地中海隼的学名 *Falco biarmicus*，就用这个特殊的属和种的双名法组合来确定。就像你将要在第二部分看到的一样，当书写学名时，应该

3. 这对地中海隼（*Falco biarmicus*）出自约翰·古尔德 1837 年出版的《欧洲鸟类插图》（*Illustrations of the birds of Europe*）。

3.

跟在生物的俗名后面，并用斜体或放在括号里，或同时斜体放在括号里。属名后的字母"spp"意味着在这个属内超过了一个物种。对如何使用分类命名法有很多严格的规定，但是分类本身就能够适应新的发现。因为可以得到一些根据鸟类系统关系的新信息，在需要时分类名称可以发生改变，物种的分类地位也可以进行移动或重新划分。比如，最近的脱氧核糖核酸（DNA）证据表明地中海隼跟鹦鹉以及雀形目鸟类的亲缘关系比和其他猛禽的更近，在鸟类分类学家制作的进化树上，地中海隼就会被放在和它亲缘关系更近的类群旁边。

目前，大多数鸟类学家认为鸟类有两个总目，27个目共包含了大约 10 000 种已知的鸟类。鸟类亲缘关系或系统学研究一直都在不断变化，因为鸟类学者们在物种由什么组成，是否应该建立一个新目来容纳那些以往被认为亲缘关系很近但是后来又认为完全不同的、具有相似形态特征的类群这样的问题上产生了分歧。

古颚总目（Palaeognathae，希腊语意为"旧颚"）包括一些被认为是比最近进化出的物种更为原始的家族（用进化术语来说：目）。这些类群的骨骼元素和爬行动物类似，有一些种类已经失去了飞行的能力。雄鸟具有交配器官或阴茎，该特征在更原始的今颚总目鸟类中也能见到，但不是所有现存鸟类中大部分鸟类具有此特征。下面所列的27个目依次从更原始形式到新近进化的形式来排列，也说明了这些目中所包含的鸟类的类型。古颚总目包括以下两个目：

鸵鸟目 Struthioniformes（鸵鸟、美洲鸵、鹤鸵、鸸鹋和
几维鸟）

鹩形目 Tinamiformes（鹩鸵）

今颚总目（Neognathae，希腊语意为"新颚"）包括了大多数已知的鸟类，它们拥有一些特征说明它们是古颚总目鸟类新近进化出来的。在自然选择作用下，这些鸟类的喙、翅膀和腿的结构经受了巨大的多样化进化来适应它们所在的环境，让鸟类能够在地球上的任何生

态系统中取食和繁殖。今颚总目的目包括：

雁行目 Anseriformes（鸭雁类）

鸡形目 Galliformes（雉鸡类、鹌鹑、松鸡、火鸡等）

鸻形目 Charadriiformes（鸻、海雀、鸥、鹬等）

潜鸟目 Gaviiformes（潜鸟）

䴙䴘目 Podicipediformes（䴙䴘）

鹱形目 Procellariiformes（鹱、海燕和信天翁等）

企鹅目 Sphenisciformes（企鹅）

鹈形目 Pelecaniformes（鹈鹕等）

鹲形目 Phaethontiformes（鹲）

鹳形目 Ciconiiformes（鹳、鹭等）

美洲鹫目 Cathartiformes（新世界鹫）

红鹳目 Phoenicopteriformes（火烈鸟）

隼形目 Falconiformes（隼、鹰、雕、鸢等）

鹤形目 Gruiformes（鹤、叫鹤、秧鸡等）

鸽形目 Columbiformes（鸽子和斑鸠）

鹦形目 Psittaciformes（鹦鹉等）

鹃形目 Cuculiformes（杜鹃和蕉鹃）

夜鹰目 Caprimulgiformes（夜鹰等）

鸮形目 Strigiformes（猫头鹰）

雨燕目 Apodiformes（雨燕和蜂鸟）

佛法僧目 Coraciiformes（佛法僧、蜂虎、犀鸟、戴胜、
　　　　　　　　　　　　翠鸟等）

䴕形目 Piciformes（啄木鸟、巨嘴鸟等）

咬鹃目 Trogoniformes（咬鹃）

鼠鸟目 Coliiformes（鼠鸟）

雀形目 Passeriformes（雀形目鸟——该目包括了世界鸟种的
　　　　　　　　　　　　大部分）

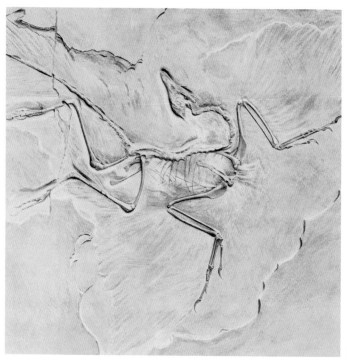

值得注意的是，人为构建的鸟类目级的名单，或者说是形象具体的进化分支"树"图，并不需要反映鸟类之间的自然关系。创造出这类形象的分类系统使得对具有很多类群的生物，尤其是像鸟类包含着很多种类群的分类来说是十分必要的。一个能够被鸟类学界大多数专业人士所认可的分类系统能够把鸟类繁多的种类划分进一些可操作的框架里面，然而随着新知识的积累，这些排列和框架（分类系统）是可以随之改变的。

从进化上看，鸟类可能是在 1.5 亿年以前的侏罗纪时期开始出现的。它们可能源自一类被称为盗龙的兽脚类恐龙，其中包括食肉的伶盗龙和窃蛋龙，这些恐龙因为动作电影（如《侏罗纪公园》）和流行杂志、书籍而被公众所认识。鸟类的起源假说对动物学家来说并不是很惊讶的事，早在 19 世纪，博物学家比如托马斯·亨利·赫胥黎（Thomas Henry Huxley，1825—1895）和理查德·欧文（Richard Owen，1804—1892）就讨论过现生鸟类和化石记录之间的相似性。鸟类腿脚上的鳞片和爬行类身体上的鳞片看起来有相似之处，在不同

4. 由格哈德·海尔曼（Gerhard Heilmann）于 1926 年重建和组合的始祖鸟（左）和原鸽（右）骨架。其中值得注意的是始祖鸟的具牙齿的颌、三个"手指"的前肢和长且类似于爬行类的尾巴。

5. 由格哈德·海尔曼制作的始祖鸟的骨架标本，收藏于柏林自然博物馆。恐龙状的骨架周围的羽毛比较明显。这件标本于 1874 年左右在德国被发现。

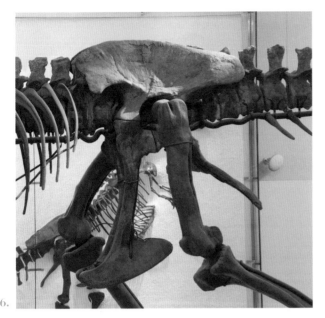 

6. 霸王龙是一种"蜥蜴状髋部"式的蜥臀类恐龙,其骨架的骨盆展示了向前凸出的耻骨。鸟类被认为是蜥臀目恐龙祖先的后裔。

7. 大鸭龙是一种"鸟类状髋部"式的鸟臀类恐龙,其骨盆的耻骨和鸟类一样向后凸出。这是一个趋同进化(非近缘动物共享相似的形态特征)的例子,因为鸟类不是鸟臀目恐龙祖先的后裔。

的时间点上,人们认为鸟类和恐龙的关系较近。一些兽脚亚目恐龙化足迹的化石也受到了博物学家的关注,因为这些足迹就像一只巨大的鸡留下的足迹一样。

乌鸦大小的始祖鸟(*Archaeopteryx lithographica*)的化石可以追溯到侏罗纪晚期。由于其恐龙状的骨骼和确定无误的羽毛框架,自从它们在 19 世纪 60 年代被发现以来就被许多人认为是"第一种鸟类"。很多年以来,具有羽毛对鸟类来说是决定性的特征。始祖鸟的羽毛有一根中央翎和非对称的带状结构,在外表上看起来十分现代。这表明羽毛的进化发生在 1.5 亿年以前。然而始祖鸟和恐龙以及现生鸟类的关系并不是很清晰,鸟类学家和古生物学家针对三者之间的关系持续研究和不断争论。不同的观点在于始祖鸟并不是现生鸟类直接的祖先,而且有证据表明鸟类是从兽脚亚目盗龙中出现的。随着化石的陆续出土,鸟类和非鸟类兽脚恐龙之间的区别越来越模糊,因为在它们的身体上有羽毛元素的证据。它们是像鸟的恐龙或者是像恐龙的鸟。

中国古生物学者已经发现一种小型的,全身布满丝状绒毛的兽脚类恐龙化石,让人联想到羽毛。这些动物的其中一些种类(特别是美颌龙)和爬行类的关系长期以来被认为比和鸟类的关系更近,进一步混淆了鸟类的进化地位。虽然鸟类源于恐龙在如今是一个占主要地位的理论，但是也有科学家持有不同的假说。

有趣的是，还有一些盛行的观点表明鸟类起源于蜥臀类恐龙，这是一类和鸟臀类恐龙相对的恐龙。鸟臀类恐龙在骨盆的后面有一个耻骨凸起，这在现生鸟类中也存在，但是鸟类是蜥臀类恐龙的后代，它们的耻骨是向前的。因此，鸟臀一定是在两个动物类群中独立进化出来的。

紧跟在侏罗纪的后面，在白垩纪时期有了丰富而更加现代层次的鸟类物种。骨头的变化包括了由长的骨质蜥蜴状尾巴进化成具有较少椎骨的短尾巴。飞行能力发展到一个较高的水平，许多化石的形式看起来是生活在海洋环境中，以鱼类为食。一些种类如黄昏鸟没有飞行能力但拥有卓越的游泳能力。目前为止，所有已知的白垩纪时期的化石鸟类在上下颌的齿槽处都有一排和爬行类动物很像的牙齿。现生鸟类的颌部没有保留牙齿。奇怪的是，人们并没有找到白垩纪时期的没有牙齿的鸟类的化石。

现生鸟类的解剖学特征

真正的动力飞行，而非滑翔运动，在脊椎动物中只有 3 个类群进化出这种能力，即已经灭绝的飞行爬行类如翼龙、哺乳纲翼手目的蝙蝠和鸟类。鸟类飞行起源的假说饱受争议，一些学者认为鸟类的飞行源于"树栖"，而另一些则认为是鸟类飞行始于陆地奔跑。前者想象鸟类的飞行是树栖类型的祖先从一个树枝向另外一个树枝产生了创造性的滑翔运动，而后者则认为鸟类地栖的祖先从捕食后的跳跃开始，最后冲向蓝天。尽管这些截然不同的看法所产生的争议仍旧存在，但现生鸟类已经进化出了和它们飞行生活适应的特殊身体结构特征。

外部形态特征

支持鸟类动力飞行的外部形态或解剖结构和喷气式飞机的设计相似。身体从前向后呈纺锤形，像泪滴或鱼雷。鸟类没有像人类一样的外部耳廓，这个设计减少了风的阻力。鸟类的嘴虽然在形状和大小上呈现出很高程度的多样化，却没有特殊的结构严重阻碍鸟类在空中运动。在飞行中，鸟类的腿和足都是向后或者藏在腹部羽毛里，这样可以减少阻力。

鸟类的羽毛分布在身体的各个部分，并不是十分均匀。鸟类的轮廓（或者身体羽毛）以有序的模式，在皮肤上长出大片的羽片。当幼鸟的羽毛生长时，羽毛重叠覆盖了裸露的皮肤，形成了一个平滑的轮廓，这样的结构有利于鸟类在空气中运动。鸟类学家们区分并命名了鸟类的这些外部区域。比如，从肩膀上长出来并覆盖肩膀的羽毛为肩羽（scapulars），那些覆盖背基部的羽毛为尾上覆羽（upper tail coverts），等等。

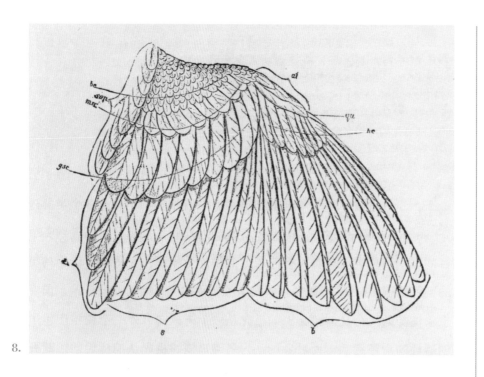

8.

现生鸟类的尾巴是由覆盖在脊椎末端的短脊椎骨组织上凸起的羽毛组成。鸟类尾羽根据物种的不同，在数量、形状和大小上也存在差异，它们可以像船舵一样前后、左右摆动。鸟类用控制尾羽的运动和羽毛的分布形式来控制飞行中身体的着陆和转向。在一些鸟类物种（如啄木鸟）中，当它们抱住一棵树时尾巴作为一个支撑物来稳定身体；或者在求偶时，鸟类可以摆动尾羽用来展示自己，或者用来警告对手使它们远离自己的配偶和领地。

鸟类的前肢高度特化。如隼和鸠鸽类这样飞行能力较强的鸟类已经进化出十分高效的翼型翅膀。这种翅膀的腹面呈凹形而背面呈凸形。这允许空气在翅膀的顶部时往下压，当空气在翅膀下则提供一个上升的力，稳定整个结构。翅膀上的飞羽可以分为两种明显不同的类型：外部较长的飞羽为初级飞羽，而里面部分的飞羽则为次级飞羽。初级飞羽的数量随物种的不同而表现出差异，它从鸟类愈合的翅膀中凸突出来。次级飞羽着生在尺骨上，尺骨是组成鸟类前肢的两块骨头厚的区域。

在翅膀的弯曲部位或腕部有一类较小的羽毛，称作小翼羽。这类羽毛和飞机上的襟翼一样，鸟类通过伸展这部分的羽毛，能够改变翅膀的完整翼型效应，降低上升力，从而使身体着陆或转弯。

　　鸟类翅膀整体的构造和尾巴的形状能够反映鸟类在不同类型的生活环境中对飞行运动的适应。如雨燕或燕子这类具有长而尖的翅膀和长尾巴的鸟类能快速熟练地飞行，而具有宽而圆的翅膀和短尾巴的鸟类，如鸳属的鹰类则可以在空气中缓慢、惬意地翱翔数小时。短而圆的翅膀和长尾巴的特征往往出现在一些森林栖息的物种中，因为这些特征可以在茂密的森林中迅速飞行和急转弯。企鹅为了栖息于海洋环境而成为游泳健将，它们的前肢进化成趋同于哺乳动物如海豹的桨状鳍状肢。几维鸟（*Apteryx*）基本上已经失去了前肢：它的骨头十分小，外部的翅膀几乎消失了。一些鸟类如长尾鸟（*Geococcyx californianus*）有很好的飞行能力，却更倾向于在陆地上走或奔跑，这样可以让它们更容易抓住猎物或逃离捕食者。

骨骼

　　飞行的进化对于鸟类先祖是极其有利的，这种进化的好处足以让鸟类的骨骼发生特化。总的来说鸟类的骨骼十分轻和坚硬，这得益于骨骼的中空、愈合以及比其他脊椎动物骨骼元素少。与呼吸系统有关的薄膜和充气的囊渗透到一些较长骨头里，甚至可以起到增加浮力的作用。

　　鸟类的躯干骨骼由头骨、脊柱、盆骨、肋骨和胸骨组成。鸟类因为没有牙齿，所以头骨十分轻。鸟类的眼窝很大，从而进一步地减轻了头骨的重量。鸟类眼球本身内部是一个球形结构，由扁平而细长的骨头组成，这就是所谓的巩膜环，这种骨骼特征在现生的爬行类和一些恐龙中也能看到。在其开口的前部是一个小的圆形的骨头凸起物，被称作枕骨髁。鸟类有1个枕骨髁，兽类有2个。它是第一颈椎（脖子）的依附区域。单个枕骨髁给鸟类的头部更多运动的空间，可以让它们在空中飞行时即便是身体扭曲头部也能够更专注于一个目标，比如猎物。

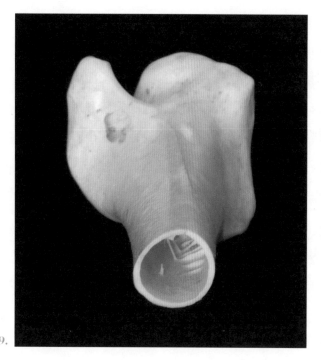
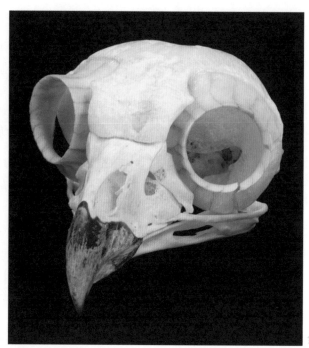

相比于兽类来说，鸟类的颈部更为灵活，有30—35节脊椎骨，因种而异。脊椎沿背部紧密结合，然而，鸟类延伸到盆骨的颈椎可以十分紧密，因此很难看到将它们分开的部分。脊柱的末端由许多个脊椎骨最后愈合成一个尾综骨。尾综骨是一块扁平而上翘的骨头，可以支持构成鸟类尾巴的肌肉和羽毛。

薄而扁平的肋骨有向后突出的小钩，名为钩状突，从上背部的脊椎上长出。这些椎体肋骨与从胸板或胸骨发出的胸骨、肋骨相结合，在两种肋骨结合的地方被软骨所附着。这种骨骼结构的排列能提供一些弹性，但是其主要作用是减少重量和提供强度。

鸟类的胸骨或平胸或具龙骨突。平胸在英语中其拉丁词源意为"木筏"，其胸骨是扁平且缺少尖而长的骨突。除鹬鸵外的几维鸟的胸骨均为平胸。然而，不能飞行的几维鸟不需要这种结构去附着大量用于飞行的肌肉。包括不能飞行的、游泳的鸟类在内，大多数鸟类的胸骨均具有突胸，也就意味着它们的胸骨有一个龙骨凸起。附着在龙骨上的是两块用于前肢上下移动的肌肉，被称为是胸大肌（也就是我们认为鸟身上最多肉的地方）。胸大肌控制着那些强大的飞行或游泳的鸟

9. 大蓝鹭（*Ardea herodias*）肱骨的横切面。骨头是空心的，由稀薄的"支撑"骨头所支撑。这些长骨内充满空气的膜囊与呼吸系统相连。

10. 美洲雕鸮（*Bubo virginianus*）的头骨。该鸟的眼窝非常大，这里展现的眼球内部本身是一个被称为巩膜环的骨化结构。该图中明显的是角质化的嘴鞘覆盖了上下喙的骨头。

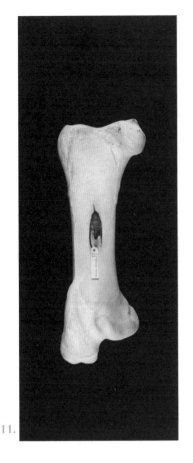

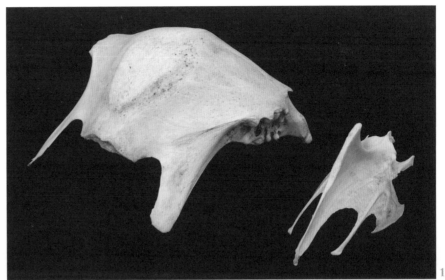

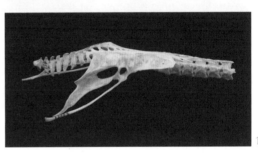

11. 鸟类大小差异巨大。图中通过鸵鸟（*Struthio camelus*）的股骨和整只吸蜜蜂鸟（*Mellisuga helenae*）标本骨头的对比，鲜明地展现了这种差异。虽然鸵鸟股骨巨大，但仍然是中空的，因为鸵鸟是拥有中空骨头的飞行鸟类的后裔。

12. 鸟类的胸骨为平胸或者具龙骨凸起。该图的左边是没有龙骨突或脊的鸵鸟平胸胸骨。右边的骨头是火鸡（*Meleagris gallopavo*）的具龙骨突起的胸骨，可以清楚看到可供飞行胸肌附着的巨大的脊。

13. 环嘴鸥（*Larus delawarensis*）的骨盆显示向后突出的耻骨骨头。这种骨头特征为所有鸟类所共享，也存在于鸟臀类恐龙。

类的下行冲程（downstroke），因为这组肌肉高度发育且十分强壮。另一组肌肉被称作胸小肌，位于胸大肌的下方，靠近胸骨的上部。这个肌肉的前面部分变成了肌腱样，通过一个由肱骨、肩胛骨和乌喙骨3块骨头的结合处所形成的管道，这个开口被称为三骨管，肌腱插入肱骨，其功能是在飞行上升过程中扬起翅膀。鸟类的锁骨愈合成一块叉骨，和人们喜欢当作正餐的鸡肉或火鸡的叉骨相似。

鸟类的翅膀和后肢的骨骼组成四肢骨骼。这些骨骼和其他脊椎动物的骨骼相同（同源）。但是鸟类的骨骼特化，同样是为了满足飞行要求。除了中空之外，鸟类"手臂"上面的骨头（肱骨）和两块"前臂"的骨头尺骨，以及桡骨无论从视觉上、结构上和功能上都和其他脊椎动物亲属相似。然而，鸟类的"手指"完全愈合，只剩下"拇指"骨自由，但"拇指"在尺寸上大多都是减小的。

鸟类后肢的骨骼元素也发生了变化。腿上部的骨头为股骨，连接骨盆，连接处为一个球形和窝状的链接，鸟类中的这个骨头被称为综荐骨。鸵鸟的股骨巨大，大约和牛的股骨的尺寸大小一样，但鸵鸟的股骨很轻，因为它和其他飞行的亲缘类群的股骨一样是中空的。股骨往下的骨头叫胫跗骨，它与股骨的连接处形成了鸟类的膝盖。膝盖的位置很高。许多看到鸟的人认为它们有向后的膝盖，然而，在脚趾中腿部末端的可视部分是拉长的脚踝，或跗跖骨。

消化系统

作为生物体，鸟类必须将食物分解成小分子，作为细胞代谢的燃料。鸟类获得食物和处理食物的过程很有意思。鸟类已经进化得可以垄断地球上所有可获得的食物来源，正是得益于它们进化出的消化系统。

鸟类的喙有各种形状和尺寸，如带钩的喙可以撕碎猎物的肉；矛状的喙可以刺穿鱼类和青蛙；边缘带有过滤器的匙状喙可以将小无脊椎动物从池水中过滤出来；有的鸟的喉部具有袋状结构，可以容纳数加仑满载鱼的海水。鸟喙上部和下部分别被称为上颌骨和下颌骨。形成这些结构的骨头有一个由角蛋白组成的坚硬覆盖物。这个覆盖物被称为角质鞘，颜色可暗可亮，可能有小的条纹或者脊，其功能和某些种类的牙齿是一样的。

鸟类舌头的形状和尺寸十分多样化。大多数鸟类并没有很好的味觉却拥有大量的感觉受体，这就意味着鸟类能够感受到它们所吃的食物形状和质感。有一些鸟类如啄木鸟的唾液腺十分发达。当这些鸟类的喙钻进树皮时，唾液腺可以分泌润滑剂，并通过其带黏性的舌头来取食昆虫。这些腺体还能产生淀粉酶，在鸟的口腔中开始对淀粉进行化学分解。有些鸟类（如鹦鹉）用喙和舌头熟练地剥种子或坚果时，经常用一只脚将其握住递到喙里。一些鸟类的舌头后部有浓密的凸起被称为乳突，其功能可能是当鸟类吞咽食物时防止食物向前或后退回到嘴里。

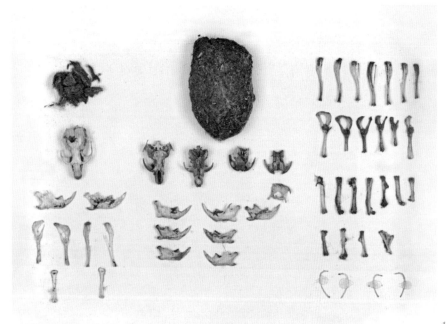

14. 仓鸮（*Tyto alba*）的反刍食团，由紧凑的老鼠皮毛和骨头组成。食团的周围是其他食团中老鼠的骨头残骸。许多鸟类通过形成并反刍食团来消除猎物中不能消化的部分。

14.

位于舌头后面的是向食道的开口，食道是一根长管，食物通过消化道或消化管进入。在食道并不会对食物进行过多的机械或化学分解。在接近喉咙或咽喉的地方，很多（但肯定不是全部）鸟类有一个由食管形成的袋状结构，这一结构的大小和形状上区别很大，被称作嗉囊，主要是作为额外食物的储存区域，取食种子的鸟类有发育良好的嗉囊，如火鸡（*Meleagris gallopavo*）整天都会取食杂草种子和谷物残茎，即使食物充满了胃还会继续取食直到嗉囊扩大成一个垒球那么大。如果突降大雪，鸟类很难在地上取食，嗉囊可以充当一个"食物袋"为其提供一定的食物。繁殖期的鸽子和斑鸠的嗉囊中产生一层厚厚的、由特化细胞分化来的富含蛋白质的乳状物，被称为是"鸽乳"，将其泵进幼年鸽子的食道中可以使它们在能自己取食种子和谷物之前迅速成长。大多数鸟类都有一个嗉囊，但是也有一些鸟类没有，比如猫头鹰。

食物通过食道进入胃中。那些具有嗉囊的鸟类的胃会比嗉囊先填充食物，因此食物可以总是在消化系统中移动。大部分的鸟类的胃由两个部分组成。第一部分是一个含腺体的结构，即腺胃。随着蛋白质的分解，胃腺能够分泌消化酶、酸和黏液。砂囊或者肌胃是鸟胃的第

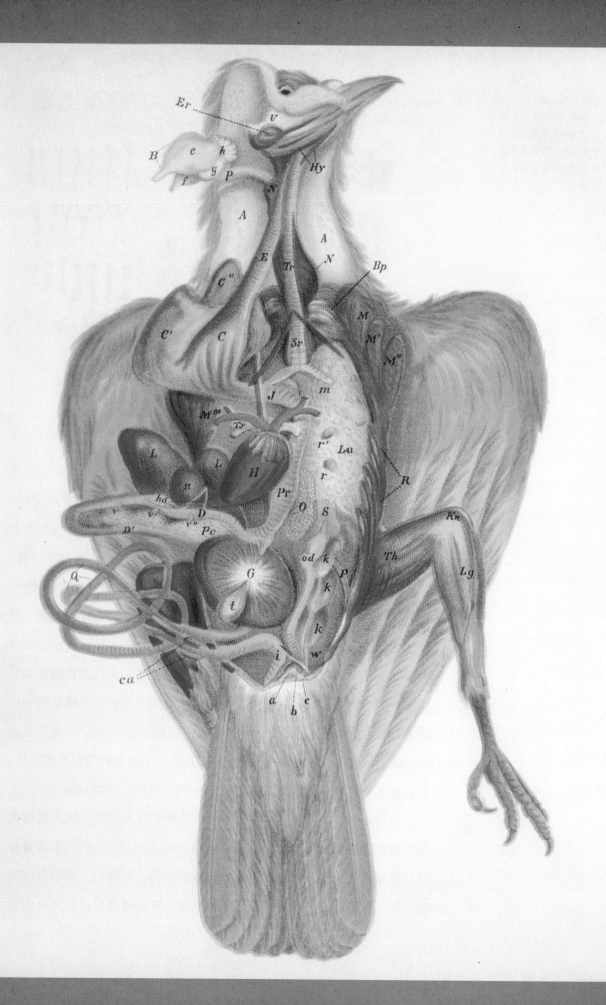

二部分，它的主要作用是通过强大的肌肉收缩来机械地研磨食物。许多鸟类将砂砾、碎石或石头吞进砂囊中和食物一起搅拌，可以进一步将食物大颗粒分解成小颗粒。鹰类、隼类和鸮类猛禽有一个砂囊，可以通过肌肉运动将猎物的肉和皮毛、羽毛和骨头分开。几个小时以后，鸟类将这些没有消化的物质形成的长方形大食团咯出。一些取食鱼类或昆虫的鸟类也有将鱼鳞和骨骼吐出的习惯。在没有直接观察鸟类捕食的情况下，野外鸟类学家也可以通过分析这些食团来确定这些鸟类的食性。

再往下，位于砂囊和小肠第一节之前的十二指肠前面埋藏着肝脏。这一部位在鸟类身体中占很大位置，由两叶组成，在兽类中则是由四叶组成。许多鸟类有一个胆囊，可以将肝脏产生的胆汁保存及引导到消化道帮助脂肪的消化。有的鸟缺少胆囊，那么胆汁就会从肝脏直接到达肠道。

胰腺是一个看起来像薄片状组织的腺体，位于小肠的十二指肠内。当从胰腺管将胰腺液从胰腺分泌到小肠时，胰岛素和胰高血糖素会直接从胰腺被释放到血液中，这些荷尔蒙调节细胞中的葡萄糖摄取量。

除了十二指肠外，小肠还形成了两个额外的圈，即空肠和最后的回肠。在整个小肠的内壁有成千上万的绒毛，许多小的手指状的突起形成了一个巨大的吸收性表面，可以将微量营养元素吸收到血液中，最终到鸟的所有细胞中。

在大肠小肠相交的地方，许多鸟类都有成对的结构被称作盲肠，有些十分大而长，有些小而短，种间变化巨大。盲肠由淋巴组织及其包含的细菌组成，其功能是分解鸟类食物中的纤维素。大肠（结肠）是一个厚而短的管道，终止于一个膨胀的区域，即泄殖腔。泄殖腔一词源于希腊文字"下水道"。这是一个恰当的术语，因为除了粪便，肾脏的含氮废物（尿酸）、雄性的精子和雌性的卵子都会在这里聚集并被排出体外。

15. 一幅鸽子的解剖图。除了鸟类的腿部肌肉组织外，还展示了鸟类的神经解剖结构、消化、呼吸、排泄和生殖系统。该图出自1894年库斯的《北美鸟类检索表》。

排泄系统

当然，鸟类需要水，但是却不能承担一个膀胱所带来的额外的重量，因此它们并没有膀胱。鸟类的肾脏相当平坦，由三叶或更多组成。肾脏过滤血液中的含氮废物，不产生尿液等副产品。其他一些物质比如氨基酸被肾脏重新吸收，而主要的废物是浓缩的尿酸，这是一种可以在鸟类粪便中看到和排泄物混在一起、厚厚的呈白色的物质，它是通过输尿管从肾脏到达泄殖腔的。少量的尿素和氨也是由肾脏排出的。一些鸟类的眼睛上有一个盐分泌腺，也有助于调节血液中的电解质。

像信天翁这样的远洋鸟类整天都在海上度过，因此只能饮用咸水。这些鸟类的盐腺高度发达，从这些鸟类的鼻孔到喙的尖端可以观察到很多条状的锈斑，这些都是盐腺分泌物干了以后的盐渍。

生殖系统

和鸟纲本身一样，鸟类的求偶、筑巢、孵卵策略以及卵壳的形状和颜色也同样多样化。所有的鸟类都产硬壳的卵，保护内部胚胎的生长。迄今最大的卵是鸵鸟卵，能够达到约 1.36 千克，其卵黄是已知最大的单细胞。在一个以雄性为主导的"后宫"社会，一只雄性鸵鸟往往有几个雌性配偶，这些雌性都将卵产到它们自己挖的一个大的碗状洼地中。每个产卵地可能有超过 20 枚卵。鸵鸟的雏鸟为早成雏，孵出即可自己寻找食物。亲鸟在旁看护着雏鸟并密切警惕着捕食者。

所有鸟类中以蜂鸟的卵最小。古巴的吸蜜蜂鸟的巢不超过 3.8 厘米，每个巢中产 2 个直径 1.9 厘米的卵。这些小型鸟类的新陈代谢率非常高。它们取食花蜜和昆虫，雏鸟为晚成雏，孵化时雏鸟眼睛紧闭且身体裸露，需要亲鸟持续不断的照料（如 79 页的蓝冠山雀）。

澳大利亚塚雉科的丛塚雉（*Alectura lathami*）的雏鸟早成性最为突出，孵化的所有雏鸟已高度发育。作为鸟类里的筑墩者，丛塚雉用一大堆腐烂的植物来筑巢，在里面孵卵。恶臭的树叶和树枝的热量可

16. 鸟卵的形状、尺寸、颜色和纹路各不相同。有些卵颜色与周围土壤、岩石和树叶一致。产于悬崖上的卵长而尖，滚动的时候会滚成圆圈，产在树洞的卵通常为圆形，为了进行伪装，它们的卵壳上的花纹或颜色很少，有些甚至没有，而有些则用颜色来伪装（见 187 页的崖海鸦）。

16.

以保持卵胚胎发育的温度，所以亲鸟从不需要坐巢孵卵。令人惊奇的是，如果巢的温度下降，亲鸟就会增加巢材来保持温度；如果卵的温度过高，则会移走一些巢材以降低温度。当雏鸟孵出时，丛塚雉的幼鸟几乎已经完全长成。在它们自己可以离开巢的时候，它们可以迅速地移动，自由取食而不需要任何亲鸟照料和保护。

也许繁殖策略最为奇特且看起来很危险的鸟类是生活在太平洋西南部岛屿树上的眼斑燕鸥（*Sternula nereis*）。这种优雅的雪白色鸟类将卵直接产在树枝上，不用任何巢材筑巢。亲鸟和刚孵化的雏鸟带蹼的脚上有很长的爪子，可以握住树枝支撑身体。这想必是通过自然选择后的策略，眼斑燕鸥如果不这样做就不能够存活，但看起来的确是一个十分危险的繁殖策略。

总的来说，雄性鸟类通过鸣叫和展示自己来吸引雌性。一般来说，雄性鸟类体型更大、颜色更加鲜艳。但在很多猛禽里，雌鸟要比雄鸟大，两性的羽毛颜色也很相似。瓣蹼鹬的雌鸟比雄鸟更大更鲜艳，被称为"逆性二型"。这类鸟的雌鸟负责产卵，雄鸟负责孵卵和育雏，而且雌鸟还可能与更多的雄鸟交配。

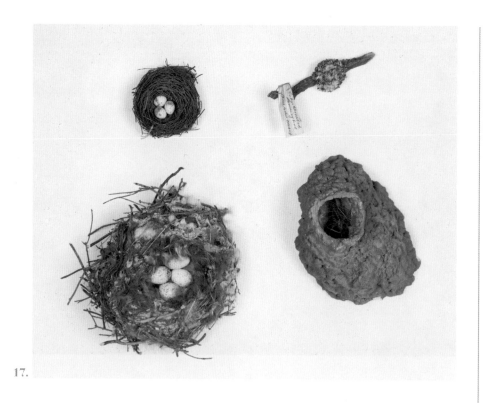

17. 一些鸟类编制精致的鸟巢，也有鸟类将卵产在地面凹地处。用于编制鸟巢的巢材十分多样，包括树枝、泥土、蜘蛛网、苔藓、羽毛和树叶。图中的鸟巢从左上方顺时针依次属于橙胸林莺（*Dendroica fusca*）、红喉北蜂鸟（*Archilochus colubris*）、美洲燕（*Petrochelidon pyrrhonota*）和灰噪鸦（*Perisoreus canadensis*）。

在温带，雄鸟在早春就开始用鸣唱来吸引配偶和建立领地。太阳升起时能听到许多鸣禽的歌唱。鸟类学家和观鸟爱好者对这种破晓前的鸣唱十分熟悉，因为这预示着鸟类开始了忙碌于繁殖的一天。在北美，红翅黑鹂（*Agelaius phoeniceus*）的雄鸟要比雌鸟早2周到达春季繁殖地。在沼泽的围栏、树枝和香蒲丛顶部能看到数以百计的红翅黑鹂雄鸟。它们鸣叫并向其他雄鸟展示红色和黄色的肩羽，警告其他鸟类远离它们保卫的领域。虽然偶尔一些鸟类也会有冲突，但随着时间的推移，领地最终被确定下来，其中一些雄鸟将继续往北，留下充足的空间给其他鸟类建立一个小领域来哺育后代。

这些行为是天生的、出于本能的、由基因决定的。红翅黑鹂雄鸟红色和黄色的肩羽是反映个体质量的"徽章"，在雄性求偶时发挥着重要作用。实验结果表明其求偶的关键在于鲜艳的颜色，鲜艳羽毛被遮盖了的雄鸟在保卫领地时往往以失败告终。同理，旅鸫会猛烈攻击红色羽毛束、衣服，甚至它们自己在窗户里的镜像，因为它们认为有一个竞争对手试图入侵它们的领地。

当雌鸟到达繁殖地时，雄鸟向它们展示自身以求建立一个新的配对关系，或和原来的配偶进行配对。有些种类对配偶有很强的忠诚度，配对的两只鸟类可能每年在一起迁徙。例如白头海雕（*Haliaeetus leu-cocephalus*），每年返回繁殖地都会找到同一个巢址，增添大的树枝继续修补旧巢，因此有一些巢变得越来越大以致一些老树不堪重压而倒下。

鹰类和其他一些猛禽在高空中使用高超的"飞行表演"进行求偶。求偶时，雌雄个体的爪子紧紧扣在一起，旋转、缠绕从高空数百英尺飞落到地面。这种求偶方式只是仪式化的展示，雄鹰雌鹰在这个过程中并不发生交配行为。所有这些求偶行为都是用来加强雌雄之间的配偶关系，同时也让其他个体知道它们已经建立了关系。

新几内亚和澳大利亚的雄性园丁鸟想尽一切办法来吸引雌鸟。它们会在地上搭建一个"凉亭"的结构，并用卵石、贝壳、石头或植物材料等来进行装饰，而且它们对选择装饰的地方也十分挑剔。如果有东西移动了，雄鸟会迅速将其重新移到原来的位置。雌鸟被这些装饰物吸引而来，但交配后会独自搭建一个巢来哺育后代，它们暗淡的羽毛颜色可以用来伪装以防在此期间被捕食者捕食。另一方面，雄鸟鲜艳明亮的羽色虽然可以吸引雌鸟却被证明对繁殖行为是有害的。

其他一些鸟，比如新几内亚和澳大利亚的极乐鸟科的极乐鸟（见156页大极乐鸟）和热带南美的动冠伞鸟（见81页）的颜色非常华丽，因其独特的求偶行为而常被描述成超凡脱俗。

在繁殖周期的合适时间，我们可以在野外观察到鸟类的求偶、筑巢和其他繁殖行为，但是我们不能直接观察到的是鸟类的生殖系统发生了什么变化。相比于其他类群的繁殖器官系统，鸟类的生殖系统已经进化出一些趋向于保持鸟类较轻的体重的特征，因为对于鸟类来说飞行才是最重要的。

除了一些更为原始的鸟类有盘绕的阴茎外，鸟类所有的性器官都位于身体体腔内部。没有外部器官可能是因为这些器官将形成阻力妨碍飞行。同样有意思的是，雄鸟的睾丸、雌性的卵巢和输卵管在非繁殖季节都收缩得很小，几乎无法察觉，在繁殖期才惊人地扩大。

在北半球繁殖的鸟类在白昼开始延长的春季和夏季繁殖，这时鸟类在日光下的暴露度刺激了雌鸟和雄鸟的性激素，其生殖系统也发生了很大的变化。

雄鸟的睾丸成对出现在两个肾脏的上方。当我们在实验室检视非繁殖期鸟类的睾丸时，应该注意不要把那些内分泌腺体当成睾丸，因为在非繁殖期鸟类的睾丸是非常小的。然而，在繁殖期的雄鸟体内睾丸可能充满了整个下体腔。因为鸟类没有像兽类一样参与肺部运动和呼吸的肌肉隔膜来隔开胸腔和腹腔，因此鸟类的睾丸可能充满肝脏后面和上面的空间。鸟类睾丸的颜色通常呈白色，也有一些鸟的睾丸为蓝色甚至黑色。一般来说，鸟类左睾丸大呈梨状，右睾丸则更小倾向于球形。在交配时，由睾丸产生的精子通过一个缠绕的管道即输精管流入泄殖腔中。鸟类的交配十分迅速。雄鸟从一侧爬到雌鸟的背上，雌雄皆摆动尾巴使两者的泄殖腔能进行接触。精子从雄鸟的输精管进入雌鸟的泄殖腔中，到达雌鸟输卵管的开口。

雌鸟的生殖系统更为复杂。与兽类一样，卵或卵细胞（ovum）在卵巢中产生。许多鸟类仅左边的卵巢发育。即使右卵巢会发育，也是没有功能的。但在鹰属鸟类中，左右卵巢都发育而且都具有功能。在卵巢中，卵细胞聚集在一起就像一串黄色或橘黄色葡萄。它们富含血液，还包含了膜性囊被称为卵泡。卵细胞的颜色来自卵黄，卵黄富含脂类，可以给发育中的胚胎提供营养。

在性激素的刺激下，一个成熟的卵细胞从它的卵泡中被释放出来进入卵巢的第一部分，即一根细长缠绕的管，并在此发育。漏斗部——输卵管中一个高度活跃的区域——可以主动地抓住从卵泡中释放的卵。卵子在漏斗中部时，被最终会在卵壳内呈现的卵壳的最里层薄膜所包围。这种膜称为卵带，其作用是使卵中间的卵黄和还在发育

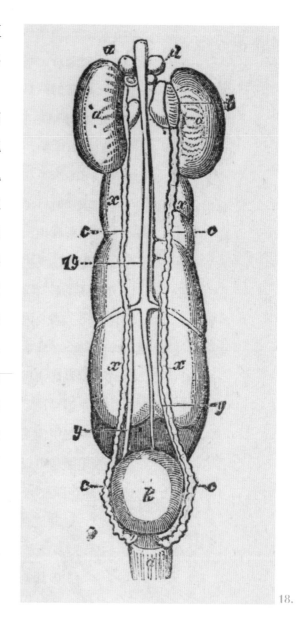

18.

18. 雄鸟在繁殖状态下的泌尿系统。扩大的成对的睾丸位于长而扁平的肾脏的上方。在非繁殖的雄性中，睾丸的尺寸缩小。该图出自 1894 年库斯的《北美鸟类检索表》。

的胚胎悬浮，并正确地将其定位。

卵细胞从漏斗部进入输卵管的第二个部分，这是一个很宽的区域，被称为壶腹部。鸟类卵的受精便在该区域进行发育。精细胞以其自己的方式从泄殖腔进入输卵管渗透到卵系带，在卵黄中与胚胎的部分融合。在输卵管下面较远的地方，由输卵管中一排特化的上皮细胞分泌的卵白或卵清将受精卵包裹起来。

输卵管的下一个部分为峡部，这里将会为鸟卵增加两层膜。其中一些是壳膜，当你剥掉一个煮熟的卵时很容易见到它。输卵管的这个区域含有大量的钙，也就是为鸟卵增加另一次钙质的壳。

输卵管的再下一个部分就是子宫，也被称为壳腺。在这里正在发育的卵接收了卵壳最后的坚硬的涂层。这一区域的特有的腺体分泌给卵壳上上了各种颜色。卵壳的颜色变化很大：一些卵壳并不着色，一些有光泽，另一些则有条纹或斑点。巢寄生鸟类常产一些和宿主卵色相似的卵壳。

最后，受精卵进入输卵管的最下面——阴道。卵并不在该部位停留很久，而是迅速进入泄殖腔，通过肛门将卵排出。

雌鸟可以不经过交配产出受精的卵。所谓"精子储存囊"位于输卵管的阴道，能够储藏精子很长时间，因此不需要交配就可以完成卵子的受精。比如在缺少公鸡的情况下，母鸡可以连续地产下未受精的蛋。为了高产而控制光照和繁殖使母鸡产蛋已经发展成商业化模式。雌鸟在未到达满窝卵数时可以一天产一枚卵（不管怎样对这个物种是正常的）。胚胎的发育情况则是根据卵是在什么样的自然条件中孵化、如何通过卵壳中的微小气孔来失水和吸水决定的。

若产完第一枚卵就开始孵化，就会出现异步孵化。异步孵化在猫头鹰里比较常见，一个巢中有许多小猫头鹰。最后一个孵化的雏鸟很

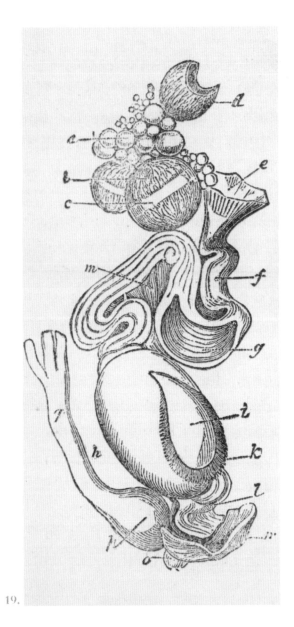

19.

19. 繁殖状态下的雌鸟生殖系统。在卵巢中可看到不同发育阶段的许多卵。整个输卵管被扩大，在被解剖的输卵管的下半部分可以明显看到一个完整发育的壳覆盖的卵。该图出自于1894年库斯的《北美鸟类检索表》。

FALCO ÆSALON. *Linn.*

20.

20. 一对灰背隼（*Falco colum-barius*）育幼，出自约翰·古尔德1873 年的《英国的鸟类》（*Birds of Great Britain*），由插画师约瑟夫·沃尔夫（Joseph Wolf）所作。灰背隼本身不筑巢，而是住在其他鸟类如鹰或乌鸦所废弃的旧巢中。它们偶尔也在地上产卵和抚育后代。在这幅图中，灰背隼雄鸟将捕获的黄鹀（*Emberiza citrinella*）喂给配偶及雏鸟。

小，第一个孵化的雏鸟很大，其他中间孵化的雏鸟也有各自对应的尺寸。相反，当鸟类产满窝卵数才开始孵化则称为同步孵化。先产的卵的胚胎并未开始发育，直到亲鸟对所有卵坐巢孵卵时胚胎发育才开始。

鸟类生殖另一个引人注目的特点是雌性决定后代的性别。鸟类中雌性为异型性，而兽类中雄性为异型性。即鸟类中雌性的染色体是 W和 Z，而兽类中雌性的染色体为 XX。雄鸟的染色体为 WW，相反兽类雄性的染色体为 X 和 Y。

鸟类的科学研究

关于鸟类生物学的问题可追溯到亚里士多德，他曾着迷于鸟类的季节性变化。他关于鸟类冬天在地下冬眠的观点曾在几百年来一直为大家所接受。当然，尽管现在看来这个观点是非常荒唐的，不过在缺乏系统和科学性的迁徙研究的那个时代，亚里士多德的假说不是完全没有根据地提出的，只是由于知识的匮乏，还没有通过科学的方法继续进行研究罢了。

随着博物学家林奈的分类系统被广泛接受，野外鸟类学家采集标本所用的枪支的改进，加上人类对世界的观察变得更加简单，最终鸟类学被认为是动物学的一个合法分支学科。19 世纪，许多欧洲国家拥有了大量的殖民地，其中包括一些具有丰富鸟类多样性和异国情趣的地区，博物学家开始对这些区域的未知领域进行探索。在北美，刘易斯和克拉克在现今美国的西部地区开展了深入的考察，证明确有鸟类新物种仍待发现，说明了这是一片未被动物学家探索过的区域。专业的鸟类机构很快分别在欧洲和美国建立起来：英国鸟类学家联盟（BOU）成立于 1858 年，美国鸟类学家联盟（AOU）成立于 1883 年。他们分别创办的学术杂志《鹮》（*Ibis*）和《海雀》（*The Auk*）至今仍是最受鸟类学家认可的鸟类学出版物。在这两本杂志成立之初所刊登的论文、研究短文和通讯文章几乎都是关于鸟类形态的地理变异和分类学研究。

19 世纪，来自世界各地的标本涌入各大博物馆，鸟类学家开始意识到一个物种往往在不同地理范围表现出形态上的变异。这些观察让鸟类学家开始使用三名法，即属名、种加词和亚种名对同一物种的不同地理变异或者种群进行命名（见 172 页）。一旦经过科学地描述和命名，一种鸟类就被包含到鸟类学家基于喙、脚、翅膀形状、测度以及其他形态学特征而被认为所属的分类系统中。这些努力产生了深远的影响，人们开始探索鸟类乃至整个自然界的某种分类顺序的模式。最终，人们开始清晰地认识到线性模型不足以阐明鸟类的系统关系，用一种树状分支的模式可以更好地容纳大量材料，也为博物馆的鸟类学家提供了广阔的研究空间。

在英国，解剖学家托马斯·亨利·赫胥黎（Thomas Henry Huxley）已经开始思考鸟类和其他脊椎动物尤其是爬行类的关系。从1831年开始，他的朋友和同事查尔斯·达尔文（Charles Darwin）作为贝格尔号上的博物学家（见123页）花费整整5年的时间在遥远的南美、非洲和澳大利亚采集标本并开展生物地理学研究。许多达尔文采集的鸟类标本都是由鸟类学家约翰·古尔德来进行整理和研究的（见114页）。正是古尔德确认了达尔文从加拉帕戈斯群岛采集的所有雀鸟尽管喙的性状和大小变化不一，但相互之间具有很近亲缘关系。另一个和达尔文同时代的博物学家、探险家和地理学家阿尔弗雷德·罗素·华莱士（Alfred Russel Wallace）（见153页）则关注鸟类的地理分布，最终对生物地理学的发展作出了巨大贡献。

21.

21. 放在达尔文1859年出版的《物种起源》上的一件地雀属（*Geospiza*）鸟类的标本。达尔文在加拉帕戈斯群岛上采集了这些雀类的标本。鸟类学家约翰·古尔德意识到这些雀类尽管生活在不同的岛屿上，而且表现出喙形状和尺寸的极大差异，但是它们应该是亲缘关系很近的物种。这一观察表明，近缘物种可以通过进化出有利于在特定环境中生存的形态特征，来适应不同的环境条件。

22. 一件栩栩如生的金雕（*Aquila chrysaetos*）标本。这样的标本无疑是漂亮而引人注目的，但是却极难保存和维护。

经过多年的拖延，在赫胥黎的坚持下，达尔文最终出版了著名的《物种起源》。在这本书中，达尔文提出了生命形式多变但息息相关，包括不同物种之间身体构造的改变，是通过"发生变异的后代"而进化出来的假说。他预测化石记录可能包含了某些中间缺失的环节，生物体的祖先类型是随着时间逐渐变成现生类型的。在始祖鸟被发现之前，人们认为只有鸟类才有羽毛。这就是达尔文关于进化论的实物证据，这对新兴的进化理论具有一个强大的推动作用，而进化是当今生物科学的基础。与研究什么构成了一个物种相比，达尔文似乎对尝试找出物种怎么由同一个祖先所产生更感兴趣。但是最终，鸟类学家在尝试解决"物种问题"上也变得十分积极。

恩斯特·迈尔（Ernst Mayr，1904—2005）是 20 世纪享誉世界的进化生物学家之一。他通过在世界各地的大量野外研究和博物馆标本研究来探讨鸟类什么时候出现地理隔离，以及随着时间的推移，遗传变异的累积是如何导致了新物种的形成。迈尔是德国鸟类学家埃尔温·斯特莱斯曼（Erwin Stresemann，1899—1972）的学生，并深受后者关于鸟类学研究的野外工作和实验室工作应该并重观点的影响。他也认为鸟类生态学和行为学资料与形态学、解剖学、生理学同样重要。斯特莱斯曼推动了关于大学甚至博物馆应该进行鸟类野外研究的观点的发展。迈尔带着这个观点来到美国，开始在美国自然博物馆工作，而后就职于哈佛大学。

早期的生态学家如大卫·拉克（David Lack，1910—1973）率先开始研究鸟类种群，尤其是鸟类的数量如何受窝卵数多少的影响。拉克对自然选择如何让个体获益的研究很感兴趣，但是具有生存优势的特征的真正受益者究竟是个体还是整个物种则是一个受争议的话题。

动物行为学（或行为生态学）领域是由那些对印迹现象感兴趣的科学家建立的。印迹是鸟类和其他动物会和孵化或出生时看到的第一个物体有联系的现象。通常情况下，是父母或兄弟姐妹使小鸡形成一个在未来应该配对和交往的生物类型或种类的图像。动物行为学家比如康拉德·洛伦兹（Konrad Lorenz，1903—1989）和尼古拉斯·狄伯根（Nikolaas Tinbergen，1907—1988）指出鸟类目标印迹的对象不一定必须是父母或兄弟姐妹。洛伦兹喜欢在院子里像鸭子或大雁一样摇摇摆摆地迈着步子、拍打着他的手臂，后面跟着一行对他产生印迹的小鸭子或小鹅。

对于鸟类如何学习鸣声和鸣声如何用于交流的研究大约在同时开始，发展到在语言学里的实验、数据收集和解释，如今在一些主流大学中很流行。

当鸟类学家仍然在用表型特征（可见的属性，如颜色、形状和大小）来解决鸟类系统学的问题时，分子生物学领域有了稳步的发展。查尔斯·西布雷（Charles Sibley，1917—1998）和乔恩·爱德华·阿尔奎斯特（Jon Edward Ahlquist）发展了一套被称作 DNA-DNA 杂交的技术，这种技术可以比较不同鸟类的遗传材料之间的相似和不同。他们在 20 世纪七八十年代的工作奠定了基于遗传物质的分析的鸟类"西布雷-阿尔奎斯特"分类系统，最终使得鸟类分类学由遗传物质主导，结合可视化的特征和表型。

今天，许多的鸟类学家用更加现代的技术对鸟类 DNA 进行研究，这些技术可以将鸟类细胞核内的一段基因片段或者整个基因，或者细胞质中母性遗传的线粒体基因进行扩增和测序。这些新技术让我们对物种形成过程和物种之间的关系有了更好的了解，使今天开展大规模的鸟类生态学和系统发育学研究成为可能。

鸟类研究材料和方法

用于研究鸟类的材料和方法是多种多样的。但是来自不同学科的方法和技术应当更广泛地应用和融合到博物馆、实验室和野外的鸟类研究中去。鸟类学研究的必要条件是鸟类标本，而鸟类标本的形式多种多样。大部分人都熟悉动物剥制标本的艺术，将动物皮张保持和固定成栩栩如生的姿势，安装上和自然界中的生物形状和颜色相同的玻璃义眼。很多自然博物馆都有非常传神的标本展示或立体模型，陈列在描摹得十分逼真的仿生布景中。这些创作已经用于公众知识普及和教育多年了，许多专业的生物学家就是因为在孩提时代参观这些博物馆而受启发走上科学道路。这些展示中所谓的仿生布景在幕后是很难保存的，因为它们需要占据很大的标本架空间而且随时间推移还会变脏、布满灰尘，而记录采集时间和地点这些重要信息的标本标签就有可能变得残缺不全。尽管这样，仿生仍是早期鸟类研究标本主要的形式。

到目前为止，对动物学家来说最常见的也是最普遍的鸟类研究标本是研究皮张的假剥制标本。这些假剥制标本被塞满了棉花或其他材料并且缝合起来。通常情况下，鸟类眼睛也是用棉花填充，而且鸟类也不用线来固定成活着的姿势。它们可以被人背部朝下放在托盘中，排成一排。系在腿上的是标本标签，记录了所有重要的采集信息，包括采集时间和地点、生殖腺状况、脂肪的饱满度、换羽和羽毛磨损程度。在鸟类研究中，一旦假剥制标本制作完成，这些标签和上面的信息就要准备好，标签的重要性不言而喻。这从美国著名鸟类学家艾略特·库斯（Elliott Coues，1842—1899）的话中可见一斑，他时常告诫学习野外鸟类学的学生：“永远不要让任何一件鸟类标本没有标签，甚至 1 个小时都不行，你可能会忘记上面的信息，甚至制作者也有可能突然死亡而遗失了信息。”

采集鸟类根据所需标本的大小用不同的猎枪或弹药，有时也用一些制作精良的、几乎不可见的网，这种网被称为雾网。一旦采集到鸟类，就用一种类似于在制作标本时剔除兽类的隐藏肌肉或将手套的里面翻转过来的方式将鸟类的皮剥掉。然后移除鸟体内许多的硬骨，如头骨、腿和翅膀骨头，清洁后进行保存。

将皮张准备好后，将一根合适尺寸的木棍的一端削尖，绕上棉花，做成和活鸟肌肉的大小和形状类似的“假体”。小木棍的尖端轻轻地向上经过颈部皮肤并插进鸟类上颚的内部。然后，用棉花来对整个皮肤进行填充，留下一个可以缝合的皮肤切口（通常是腹部），用蜡或平滑的线进行缝合。由于大部分鸟类腹部长有浓密的羽毛，缝合口一般不会被看到，一个好的剥制标本看起来就像一只刚死的鸟，如果制作得当的话，可以保存上百年。在鸟类学家库斯所在的19世纪，在皮张的内部可能刷上砒霜将细菌毒死，不让昆虫取食鸟类羽毛或皮肤。现在，偶尔会使用少量有毒的物质比如硼砂，但是标本制作发展的趋势是什么防腐药物都不使用，而是创造适宜的环境妥善保存标本。一旦有对标本腐蚀性的霉菌或者蠹虫爆发，则将标本冷冻起来保存。不是所有人都使用上述的方法制作标本，还有其他各种各样的方法用来制备一件有科学价值的剥制标本。

美国自然博物馆保存了80万件鸟类标本，这些标本涵盖了现今鸟类所有已知的目和科。这种规模的资源使得在时间和空间上大尺度地研究鸟类进化成为可能。这是因为在同一个标本柜的抽屉里收藏着同种鸟类在许多不同地区采集的个体，而且这些个体的采集时间往往跨越了数十年。

鸟类头骨材料在研究藏品中也占了很大的一部分。虽然早期鸟类学家并不认为头骨很重要，在准备好研究皮张后，头骨经常随着肉和内脏一起丢弃。后来，脊椎动物比较解剖学家开始进行大范围的比较研究，将不同类群的鸟类和其他脊椎动物包括恐龙进行比较。现在，鸟类学家和脊椎动物古生物学家都坚持要保留头骨。以前，鸟类的头骨用浸泡法来准备，这种方法主要是把头骨浸泡在水中使它们软化，然后将剩下的肉刮掉。这样准备的骨头往往还是很油滑，有时也将其做成活的动物姿势，当然这种做法也会带来和姿态标本同样的储存、防腐问题。

现代鸟类头骨制备技术不仅可以做出更好的标本，还不会出现储存和防腐的问题。在仔细检查和记录外部特征后，鸟类皮肤和很多头骨肌肉都被移除了。在检查和记录鸟类的内部器官的情况时，鸟类已被除去了内脏，只剩下清晰完整的头骨为下一阶段的制备做准备。当骨头晒干的时候，头骨上还残存的肉已经被风干得看起来像牛肉干，这时候把它放入面包虫中。面包虫会把骨头上剩下的肉吃得干干净净。然后再由标本制作师确保标本上无面包虫，否则它们将吃完和毁坏整

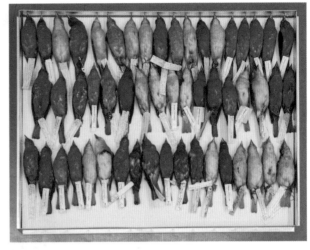

23. 照片上显示的是被保存成"灵魂"标本的整只鸟类标本。许多博物馆在研究收藏时将鸟类标本保存在酒精中,这样可以让研究者们检视器官和肌肉结构,有时可以检查羽毛特征。罐子上贴着标本的相关信息标签。

24. 一个放置了许多猩红丽唐纳雀(*Piranga olivacea*)标本的托盘。相比姿态标本,研究用的剥制标本要更加容易保存,前者需要占据大量的空间。这个托盘上摆放了数十年来在同一个区域采集到的唐纳雀标本。

个标本。一副干净的骨骼标本就基本做好了,它不是定型成仿生模样去展示,而是固定在特殊标本架上并放进合适的箱子里,再附上完整的标签,这就是一件具有很高科学价值的骨骼标本了。

另一种保存标本的方式是用酒精或标本保存液。这种方法是把福尔马林等液体注射到整只鸟体内,然后存放在充满酒精的玻璃罐中。这些罐子的形状一直在变化。现在我们使用的这些罐子密封性好,可以防止酒精蒸发,但必须定期检查以确保罐子里的防腐液没有蒸发。在罐子里的标本的标签必须用不褪色的墨水以防酒精的渗透。用酒精泡制标本的好处是鸟类整体保持完好,其羽毛、骨头、肌肉和内脏器官都可以保存下来。这种类型的制备方法的缺点在于:如果研究者需要解剖它的话,鸟类标本的内脏可能大部分都变形了。

所有早期博物学家都对鸟卵抱有浓厚的兴趣,这从博物馆里丰富的鸟卵藏品可见一斑。鸟卵的采集和保存有很长的历史,在 19 世纪,收集和研究鸟卵甚至成为了一门鸟类学的分支学科(见 185 页)。喜欢猎奇的收藏家们收藏了大量的鸟卵,他们经常追求国外和稀有鸟类的卵,哪怕是冒着"寻宝"过程中发生意外事故和疾病的风险,也要获得他们梦寐以求的藏品。严肃的鸟卵收藏家被称作鸟卵学家,术语鸟卵学也进入了鸟类学家的词典中。在 19 世纪 80 年代,美国杂志《鸟卵学家》(*The Oölogist*)十分受欢迎,该杂志接受和发表一些关于鸟卵、鸟巢、繁殖行为和如何采集与保存鸟卵的文章。通常，整窝鸟类的卵都会被采集，因此采集者给鸟卵标本的标签并不是给每一个鸟卵标注，而是用有关鸟巢标签及信息来储存和跟踪他们的库存标本。

博物馆的标本目录和相关书籍都有记录鸟卵多样的形状、大小和颜色，这是一种传统的鉴别采集标本的方式，但未考虑记录鸟卵里胚胎的特征。而现在，几乎没有什么专门针对野生鸟类卵的采集活动。鸟卵的采集在审美上是令人愉悦的，而且也确实能够为科学研究提供数据、进行对比。利用历史标本进行研究做得最好的时期是在 20 世纪 70 年代。20 世纪 40 年代开始，农药二氯二苯三氯乙烷（DDT）被广泛使用，人们猜测 DDT 会使得鸟卵卵壳变得薄而脆。因为鸣

禽、猛禽，还有喜欢吃鱼的鸟类迅速减少，鸟类学家对比了使用 DDT 之前和之后收集的卵壳标本，证实了以上假说，为最终立法禁止 DDT 这种危险化合物的使用提供了关键的科学证据。当然，除了鸟卵之外，精巧的鸟巢也经常被博物馆收藏，用于鸟类的生态学和进化生物学研究中。

如今，一些博物馆和研究机构的高科技超低温实验室里保存了很多脊椎动物的冷冻的组织标本。现在在制作一个标本时，各种信息都收录齐全之后，鸟类学家通常会保存一份肌肉、心脏和肝脏组织的标本，这也是当今制作标本的一个必要的环节。通常，这些材料被切碎之后倒入一小管酒精，保存到大桶的液氮中以供后续的 DNA 分析。

25. 这里展示的是去除内容物保存在带标签的盒子中的鸟卵标本。在 19 世纪和 20 世纪初，采集鸟卵是博物学家一项比较流行的娱乐。博物馆获赠了许多这些私人收藏品，虽然现在很少有人采集鸟卵。这些采集也能为研究农药对卵壳厚度的影响提供比较的材料。

由于提取和扩增鸟类 DNA 的技术已经迅速发展，在不久的将来，任何鸟类的整套基因密码（全基因组）都将会被阐述和比较。目前，家鸡（*Gallus gallus*）、斑胸草雀（*Taeniopygia guttata*）和几种其他鸟类的基因组已经完成测序，这为鸟类进化研究的迅速发展、最终揭示鸟类的系统关系铺平了道路。

当然，鸟类学的研究不都是在实验室中进行。在野外，对鲜活的鸟类个体和种群的研究也十分活跃，这些研究为我们了解鸟类迁徙、繁殖及其他行为和进化提供了大量机会。因为大多数鸟类都有飞行的能力，有些鸟类以其长距离的迁徙活动离而著称。鸟类环志（在美国被称为"banding"，在英国被称作"ringing"）多年来为鸟类迁徙提供了大量的数据。全世界的志愿者和专业人士将重量轻且编号连续的铝环套到数以百万计的鸟类的跗蹠上，这些志愿者拥有他们国家负责野生动物部门颁发的环志许可证，可以专门从事鸟类的捕捉、环志及迁徙研究工作。

志愿者可通过各种方法来捕捉鸟类进行环志。对于雏鸟，可以小心而短暂地把它们移出鸟巢进行操作，而使用各种各样的网和陷阱来抓捕成鸟。在检查、称重和测量后，将大小合适的脚环固定在鸟的跗蹠上。脚环的大小以不能从鸟类的脚趾处滑落，但是以能在跗蹠上自由转动为最佳。志愿者需要记录环志编号、时间、地点和其他相关信息，最后把这些信息发送到本国负责鸟类环志的管理机构。这些环志鸟类的个性化信息和相同的数字组合（环志编号）只能用于一个个体。如果鸟类被释放后，在异地被再次捕到，那么我们就知道了它的迁徙时间和距离。一只被套上铝环的鸟很可能不会被重新捕捉，也可能会在灌丛或草地上死亡，还可能被捕食者或食腐动物吃掉，因此环志个体的重捕率通常非常低，可能只有 1% 左右。另一个问题是，在很小的标志环上已经印上了环志的编号，没有刻上更多信息的空间了。所以如果是在异地被重捕之后，没有受过环志培训的人根本不知道如何反馈信息。虽然环志技术有这么多的局限性，但是这项技术仍然是目前我们了解鸟类迁徙模式的最好方法。

最近，无线电遥测技术被用来跟踪鸟类。很轻的发射器可以戴在一些稍大的鸟种身上，得出了一些惊人的结果。我们知道游隼的北极苔原亚种（*Falco peregrinus tundrius*）在加拿大的北极地区繁殖，而远在南美的火地岛越冬，每年都要进行环球迁徙，只运用环志的方法研究其路线十分困难。野外可识别标志如彩环、项圈、翼标和颜料只能用于在一个特定的种群进行个体识别的短期研究中。

鸟类用鸣声进行交流，经常发出复杂和优美的歌唱声和鸣叫声。20 世纪 30 年代，康奈尔大学的鸟类学家亚瑟·A. 阿伦（Arthur A. Allen，1885—1964）和彼得·保罗·凯洛格（Peter Paul Kellog，1889—1975）开始录制和分析鸟类的鸣叫和鸣唱。这些生物声学先驱长途跋涉穿过森林、湿地、沼泽，用四轮马车装着巨大的盘式磁带录音机器和抛物线型麦克风去录制鸟类的鸣声。然后用声谱图机器将声音在长条纸上转化成代表鸣叫和鸣唱的频率与持续时间的小记号。这些技术给我们带来了一些发现：广泛分布的同一种鸟类在不同地区常常有方言，这就意味着鸣声也会像羽色、大小和喙的形状一样进化。

猎枪型麦克风、电子录音机和可以产生声谱图的电脑程序等现代装备已经取代了鸟类学先驱们大而笨重的原始设备，生物声学研究也逐步上升到不仅仅限于研究鸟类鸣声。也有一些鸣声的记录和分析工作在昆虫、鱼类和兽类中开展起来。康奈尔大学鸟类学实验室麦考利声音库是世界上最大也是历史最悠久的生物多样性媒体科学档案库。

在 20 世纪，鸟类知识被运用来防止鸟类物种的灭绝。几个世纪以来，人类改变鸟类的生境、杀死鸟类、取食鸟卵。特别悲剧的是，一些岛屿特有鸟种如渡渡鸟（*Raphus cucullatus*）、罗德里格斯渡渡鸟（*Pezophaps solitaria*）、9 种恐鸟、多种隆鸟和其他许多鸟类都因为人类活动而灭绝了。旅鸽（*Ectopistes migratorius*）似乎曾经是世界上数量最多的鸟类，数十亿只旅鸽群从一片广阔的森林飞到另一片森林时，曾足以让北美的天空变暗。随后，不可能的事情发生了：旅鸽被无情地捕猎用来市场交易，而东部广阔的落叶林被开垦用于农作，这对于旅鸽来说是毁灭性的。世界上最后一只旅鸽，名叫玛莎，1914 年在辛

26. 来自沃尔特·罗斯柴尔德勋
爵（Lord Walter Rothschild）1907
年出版的《灭绝的鸟类》（*Extinct
Birds*）中的一幅渡渡鸟的插图。
渡渡鸟是斑鸠和鸽子的不会飞的
近亲，却被船上的水手、老鼠以
及其他动物无情地捕杀。在这样
的屠杀下，像渡渡鸟这种岛屿特
有种（见 176 页）不可能长久生
存，因此渡渡鸟在 1662 年灭绝。
现在有许多保护鸟类物种的法律，
但是对于渡渡鸟来说，这一切都
太晚了。

辛那提动物园死亡。根据文献记载，从 16 世纪初开始至今，至少 190
种鸟类已经灭绝。

一些鸟类高度适应独特而且面积较小的生境，而另一些鸟类则可
以生活在适宜而广阔的生境中。我们都知道保护濒危物种的生境是十
分关键的，不仅仅是为了鸟类，也为了和它们一起生活的其他生物。
然而迁地保护和就地保护的策略同样重要。在人工饲养条件下繁育和
野放计划，对拯救极度濒危的物种，如黄颈黑雁（*Branta sandvicen-
sis*）、游隼、白头海雕、美洲鹤（*Grus americana*）是十分成功的。这几
个例子证明全世界为保护自然所作的共同努力，将对未来野生动物保
护产生巨大的积极影响。

EXTINCT BIRDS   PLATE 24

DIDUS CUCULLATUS
(ONE-THIRD NATURAL SIZE—*from drawings*)

26.

鸟类学著作

　　鸟类因其漂亮的形态和高度的多样化而具有迷人的魅力，这种魅力让它们在人类社会发展历史的长河中占据了重要的一席之地。在本书的第二部分将会介绍几个世纪以来，有关鸟类艺术品的收集及其相关的信息，这些信息向我们说明人类自然而然地被鸟类所吸引，而且千方百计地记录它们的形象。早期人类对他们身边出现的鸟类有所反应，石器时代对鸟类的描述就十分明显地证明了那时的人类已经开始观察鸟类并认为鸟类是有价值的。考古的发现也包括了很多种鸟类的骨头。毫无疑问鸟类曾被作为食物，但是众所周知，鸟类在宗教信仰和古代传说仪式中也扮演了重要角色。在宗教、祭祀和神学的发展中，鸟类要么是图腾象征，要么就是祭品。

　　在世界各地的人类社会中，鸟类都是文化生活中的一个重要组成部分。人们想要捕捉野鸟并驯化，就需要对它们的生活习性有大量的观察和了解。以前这些知识都是口口相传从一代传给下一代。但随着农业社会的到来，用文字记载的人类和鸟类关系的故事将这些知识迅速传播到世界各地。3500—4000 年以前，埃及坟墓和墓碑上很准确地描绘了各种鸟类，从那些作品里可以很容易地区分野鸟和家禽的种类和性别。在中国，鸡鸭的驯化和人工养殖的历史已经超过了数千年，普通鸬鹚（*Phalacrocorax carbo*）被中国人驯化用来捕鱼，这个传统可以追溯到大约公元 960 年。

　　训鹰术是一种用训练有素的用猛禽来捕猎的方法，起源于 4000 年以前的美索不达米亚。大约公元 370 年，随着匈奴入侵而传入欧洲。霍亨斯陶芬的弗雷德里克二世（见 173 页矛隼）热衷于学习猎鹰技术和博物学，他着迷于收集有关猎鹰的阿拉伯古籍并将它们翻译成拉丁

27. 在许多古老文明中，鸟类是宗教传统的一部分。鸟类在好几个世纪中在人类的日常生活中占有显著的地位，常常在艺术作品中被描绘。这里展示的绘画作品来自《埃及的描述》（*Description de l'Égypte*），这是一本 1809—1829 年受法国政府委托而编著的、关于古代和现代埃及的详细的专著。在这幅图中，随处都可以见到对鸟类的精确描绘。

文。他有一个巨大的鸟舍，是最早开始做鸟类实验的博物学家之一。他对鸟类的终身研究和对猛禽养殖和猎鹰的创新集中体现在 13 世纪 40 年代出版的《狩猎鸟类艺术》（*De arte venandi cum avibus*）中。这本辉煌的插图巨著被许多生物学家称为是第一本关于鸟类行为的书籍。

在公元 16 世纪，欧洲学者如吉约姆·朗德勒（Guillaume Rondelet，1507—1566）和皮埃尔·贝隆（Pierre Belon）已经开始进行鸟类研究，他们出版了许多鸟类描述、解剖学研究和插图。贝隆于 1555 年出版了《鸟类自然史，来自生活的描述和简画：七卷》（见 51 页）。这部著作详细描绘和比较了人类和鸟类的头骨，无论是文字，还是绘图，都是历史上第一次，它不仅仅是一部鸟类学的著作，也是脊椎动物比较解剖学上的一个开创之举。荷兰解剖学家福尔赫·科依特（Volcher Coiter，1534—1576）于 1572 年左右出版的《鸟类解剖》（*De difer-*

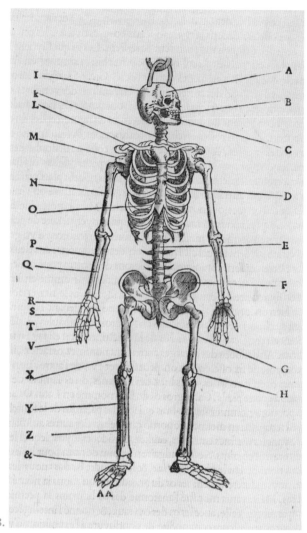

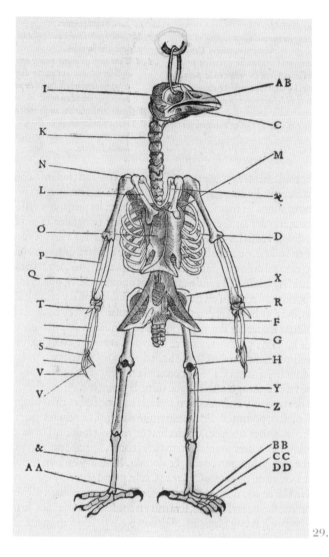

28.   29.

entiis avium）通过文字和插图详细地描述了鸟类器官和系统，还被认为是第一次根据形态学和鸟类习性对鸟类进行分类。弗朗西斯·维路格比（Francis Willughby）和约翰·雷（John Ray）（见 64 页）发展出一个基于形态和结构的鸟类分类系统，他们出版的《鸟类学（3 卷本）》（Ornithologiae libri tres）被认为是第一部真正的鸟类学著作。

　　在 18 世纪末，马图林·杰克斯·布里森（Mathurin Jacques Brisson, 1723—1806）创作了《鸟类学》（Ornithologie）（见 64 页），全书一共 6 卷。乔治·路易·勒克莱克，又名布丰伯爵（Georges-Louis Leclerc, Comte de Buffon）在他关于科学的巨著《自然史》（Histoire naturelle, générale et particulière）中有关鸟类部分就有 9 卷。在雅各

28-29. 法国学者皮埃尔·贝隆在 1555 年出版了比较人类（左）和鸟类（右）的骨骼解剖结构的插图。虽然这个文献更多的是一个鸟类学的描述工作，但却是比较脊椎动物解剖学的最早文献之一。

HISTOIRE NATURELLE
DES OISEAUX

DE

L'AMÉRIQUE SEPTENTRIONALE,

CONTENANT UN GRAND NOMBRE D'ESPÈCES DÉCRITES OU FIGURÉES
POUR LA PREMIÈRE FOIS.

PAR M. L. P. VIEILLOT,

CONTINUATEUR de l'Histoire des Colibris et des Oiseaux-Mouches ; auteur de celle des Jacamars,
des Grimpereaux, des Promerops, des Oiseaux de Paradis, et de la plupart des articles d'Ornithologie
du nouveau Dictionnaire d'Histoire naturelle, etc.

TOME SECOND.

A PARIS,

CHEZ DESRAY, LIBRAIRE, RUE HAUTEFEUILLE, N° 4.

M. DCCC. VII.

DE L'IMPRIMERIE DE CRAPELET.

30.

30. 路易斯·吉恩·皮埃尔·维洛特于 1807 年至 1808 年出版的《北美鸟类自然史》的封面。维洛特是欧洲鸟类学家中研究美国鸟类的先驱之一。

布·特明克（Jacob Temminck）和弗朗索瓦·莱瓦来兰特（Francois Levaillant）的合作下，将莱瓦来兰特在非洲采集的许多鸟类标本整理成 6 卷的《非洲鸟类自然史》（*Histoire naturelle des oiseaux d'Afrique*），这是有关非洲鸟类研究的首部著作。其他欧洲鸟类学家如亚历山大·威尔逊（Alexander Wilson）（见 87 页）、路易斯·吉恩·皮埃尔·维洛特（Louis Jean Pierre Vieillot，1748—1831）和约翰·詹姆斯·奥杜邦（John James Audubon）（见 99 页）花了很长时间研究北美的鸟类。维洛特的《北美鸟类自然史》（*Histoire naturelle des oiseaux de l'Amerique septentrionale*）是首部有关鸟类生活史的著作，而奥杜邦在他的传世经典《美国鸟类》（*The Birds of America*）中准确描绘北美鸟类实物大小的水彩图，使这部著作举世闻名。

美国本土出生的博物学家和植物学家威廉·巴特拉姆（William Bartram，1739—1823）考察了美国东南部的很多地方，对这些地方的动植物做了详细的笔记，并画了大量的插图。他于 1791 年发表了《卡罗来纳北部和南部、佐治亚州、佛罗里达州东部和西部、切洛基乡村游记》（*Travels through North and South Carolina，Georgia, East and West Florida, the Cherokee Country*, 1791）。巴特拉姆正是在这本著作中描述了一个新鸟种——"彩鹫"（Painted Vulture），且声称在佛罗里达见到该鸟。除了尾巴的颜色有一些不同外，这个鸟类"新种"的描述和美国中部和南部的王鹫（*Sarcoramphus papa*）很相似。巴特拉姆声称他获得了一个标本，但是，如果这种鸟真的有存在过，却无处可寻。而王鹫就从来没有在佛罗里达被记录出现过，所以巴特拉姆的这次发现仍然是鸟类学史上的一个谜。美国第一个鸟类分类学家约翰·卡辛（John Cassin，1813—1869）在整个职业生涯中始终对这种神秘的鸟类十分感兴趣。也许正是由于对像彩鹭这种谜一般鸟类的探索和发现所带来的兴奋，加上鸟类本身的吸引力，是鸟类学家曾持续并继续推动鸟类学研究的真正动力吧！

观鸟和鸟类野外识别图鉴

博物学家和科学家并不是唯一对鸟类感兴趣的人。从 19 世纪开始，一项和专业鸟类学平行发展的活动——观鸟得到了发展。观鸟活动甚至也进入了鸟类学专业研究领域。随着越来越多的人成为观鸟者，起初用于天文观测和军事用途的光学望远镜开始不断完善。19 世纪 30 年代，这些仪器开始经常被用于观察远距离活动的鸟类。观鸟仪器的发展和第一本野外鸟类识别图鉴的出现，使得观鸟这门业余爱好在 20 世纪成为全世界范围内保护工作的驱动力量之一。

即使使用更好的光学仪器可以让观鸟者更为容易地观察鸟类，但要准确地识别观察到的鸟类仍然是很困难的。专业的鸟类学家有那些大部头的专业工具书，可以通过一系列用于鉴定的检索表来鉴别鸟类标本。观鸟者需要一本在野外便携的小手册，可以帮助观察者迅速识别可能只观察到了几秒钟的鸟类。乔治·格林尼尔（George Grinnell，1849—1938）是野生动物保护的早期提倡者之一，也是《奥杜邦》杂志的编辑，他在 1887 年出版了弗洛伦斯·梅里亚姆（Florence Merriam，1838—1948）的《对奥杜邦协会工作人员的提示：五十种鸟类和识别它们的要点》（*Hints to Audubon Workers: Fifty Birds and How to Know Them*）。这本书中的插图展示了一些常见鸟类的野外识别特征。野外图鉴的价值不仅仅如此，因为这些图书引导人们放下猎枪，放弃为了识别物种而射杀鸟类的野蛮行为，帮助人们了解如何通过望远镜来观察野生鸟类羽毛的细节和颜色。

如果说梅里亚姆的贡献是出版了第一版现代鸟类野外图鉴，而其他作者如切斯特·A.里德（Chester A. Reed，1876—1912）和弗兰克·M.查普曼（Frank M. Chapman，1861—1937）则出版了早期包含所有北美鸟类的野外图鉴。1934年，鸟类艺术家罗杰·托里·彼得森（Roger Tory Peterson，1908—1996）出版了他的第一本非常畅销的鸟类野外图鉴，这就是众所周知的彼得森野外识别图鉴系列。彼得森图鉴的最大特点是在每一页鸟类彩图中，都会用箭头指出鸟类最重要的野外特征。在每个对开页的版块里有紧凑的鸟类彩画，并附上了每个物种简要的生物学信息。这种独特的设计使得彼得森野外鸟类识别图鉴获得了巨大的成功。最终，彼得森系列野外识别图鉴不仅仅是鸟类，还相继出版了昆虫、爬行动物、兽类和植物的野外识别图鉴。彼得森系列野外识别图鉴影响和激励了数以百万计的人们去欣赏和保护自然。

虽然专业的鸟类学家和观鸟爱好者对鸟类有着共同的浓厚兴趣，

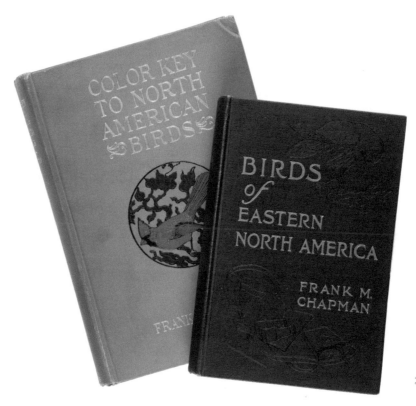

31. 美国自然博物馆馆长弗朗兰·M.查尔曼编著的早期鸟类图鉴。查尔曼十分关注鸟类被捕杀和栖息环境被肆意破坏的情况，他制订了教育计划并编写了鸟类图鉴来让公众了解保护自然的重要性。

31.

但是对于如何对待他们欣赏的鸟类，他们的意见并不总是一致的。观鸟者往往满足于观察鸟类并为自己做一个已观察过鸟类种类的名录，而专业人士则需要标本和实验来回答生物学问题。慢慢地，大量的业余爱好者记录鸟种名录、放置鸟类投食器以吸引鸟类。对于学术界来说，这些活动能为鸟类学贡献大量的科学数据，尤其是其中涉及的鸟种分布和数量信息。

渐渐地，观鸟者和鸟类学者之间开始有了合作。有时专业的鸟类学者参与业余爱好者的活动，倡导鸟类和生境保护。随着越来越多的人参与野外观鸟，人们开始意识到鸟类的数量随着人类活动的增加而下降。19 世纪末期，出于担心猎杀群体繁殖鸟类如苍鹭和白鹭被捕获以获得羽毛制作精美帽子，很多致力于鸟类保护的组织开始涌现。其中最著名的两个组织是：美国在 1885 年建立的国家奥杜邦学会（NAS）和英国在 1889 年建立的皇家鸟类保护学会（RSPB）。这些组织的成员包括观鸟爱好者和专业的鸟类学者，他们一起合作处理所有关于鸟类保护的事务，包括游说立法者通过鸟类保护的法律。如今，为了防止过度狩猎、用于宠物贸易的捕捉和生境破坏，基本上所有的鸟类物种都得到了不同程度的保护。

观鸟是一项卓有成效的公民科学（citizen scientists）活动。典型的成果显著的活动包括数以千计的观鸟者参与的圣诞节鸟类调查和繁殖鸟类调查。在 2002 年，美国奥杜邦学会和康奈尔大学鸟类学实验室参与推动鸟类记录在线记录平台"eBird"的建立。这些在线资源可以提供发布和访问鸟类记录的实时信息，让专业人士和业余爱好者迅速分享观察和目击记录。今天，大部分关于繁殖鸟类分布和迁徙模式的信息都来自这些观鸟者或者说是业余鸟类学家们所做的工作和奉献。

任何人都可以欣赏鸟类之美。因为人们可以在任何地方观察鸟类，即使没有受过系统的训练或持有正规装备。我们可以在远处观察鸟类，也可以将它们作为宠物。鸟类可以被人类像使用显微镜观察物体般细致

地观察；它们还可以增加我们对生物学、生态学和自然界的了解和欣赏。本书的第二部分将展示各种各样的鸟类插图，我们可以将这些鸟类作品看作是艺术主体和科学研究的对象。这些鸟类插图的版式十分美观，且风格和手法多样。虽然一些插图在描绘鸟类形态上显得更为传神，但所有的插图都试图去表达这些鸟类生活中最有趣的一面。与这些精美插图相得益彰的是一些详细的文字，包含这些插图的制作者和绘制时间、制作方法以及最开始插图在哪里发表等信息。绘制这些美妙鸟类插图的画师往往都有非常丰富的个人阅历或者是有趣的冒险经历，他们的故事定会让读者着迷。

第二部分

文章和插画

作者：保罗·斯维特

白　鹳

物种分布范围
欧洲、非洲、中亚和印度西部

书名
L' histoire de la nature des oyseaux, avec leurs descriptions & naïfs portraicts retirez du naturel: escrit en sept livres
(*The natural history of birds, with their descriptions & simple drawings from life: written in seven books*)
《鸟类自然史，栩栩如生的描述和简画：七卷》

版本
Paris: G. Cavellat, 1555

作者
皮埃尔·贝隆（Pierre Belon，1517？—1564）

插画师
皮埃尔·布鲁德尔（Pierre Bourdelle，约 1530—1588）等

虽然关于鸟类学的起源要追溯到亚里士多德（Aristotle，公元前 384—前 322 年）的著作，亚里士多德描述了许多鸟类物种并试图将其分门别类，但是第一批带插图、完全描写鸟类的专著直到 1555 年才出现。这些专著中的第一本就是由皮埃尔·贝隆编写的《鸟类自然史》。在这本书出版时，贝隆的这个开创性工作几乎没有受到任何关注。这本书是用他的母语法语所撰写，而非学术语言拉丁语，因此它的光芒被伟大的博物学家康拉德·格斯纳（Conrad Gesner）同年出版的《动物的历史》(*Historiae animalium*)所掩盖。直到几个世纪以后，贝隆的工作才得到应有的荣誉，成为公认的现代鸟类学的基础之一。

贝隆于 1517 年出生在法国北部的索勒第埃的一个贫困家庭，但是他得到勒芒主教的资助，到巴黎学习医学和植物学。贝隆于 1540 年在今天德国和捷克波西米亚地区的威登堡大学度过了一年时间。但是在 1544 年，贝隆知道瓦莱里乌斯·科尔都斯（Valerius Cordus）正准备对整个意大利进行一次植物考察，于是他回到巴黎着手加入这个考察团队。在抵达利古里亚时，贝隆的朋友死于热病。然而，他还是决定在帕多瓦市暂时居住下来，该市是文艺复兴时期著名的科学研究中心。贝隆走访了威尼斯附近的鸟类和鱼类市场，收集到了许多标本，并记录了许多物种的新信息。

1546 年，法国国王弗朗西斯一世（Francis I）派遣一位大使到君士

坦丁堡（现伊斯坦布尔），在新赞助者弗朗索瓦·德·图尔农主教（Cardinal Francois de Tournon）的倡导下，贝隆获准陪同大使团一同前往。贝隆在希腊、小亚细亚、巴勒斯坦和埃及进行了为期3年的旅程，成为第一批到这个地区进行科学考察的人。1550年，他带着有价值的鸟类和鱼类标本返回巴黎，并开始撰写旅行报告。《鸟类自然史》包含描述性文字，内容涵盖贝隆知道的所有的物种。与他同时代的康拉德·格斯纳按字母顺序把不同物种进行排序，而贝隆尝试根据物种解剖时的形态特征以及他野外观察到的行为进行系统分类，即对物种进行分组。确实，他关于鸟类骨骼的工作被认为是比较解剖学的开创性工作之一。《鸟类自然史》的插图刻在144块木刻版上，大部分是由皮埃尔·布鲁德尔完成，比如这幅白鹳。这种鸟类在整个欧洲都为人所熟知，它们在欧洲度过夏季并养育后代。它们体型大且十分显眼，通常在人造建筑上建造巨大的鸟巢，巢材可重达1吨。因为它们捕食害虫，人们还是欢迎它们在周边活动和繁殖的。

戴 胜

康拉德·格斯纳，1516年出生于瑞士苏黎世，可以说是文艺复兴时期最伟大的博物学家。格斯纳试图对所有已知的脊椎动物进行分类，他在1551—1558年出版的《动物志》被认为是现代动物学的奠基之作。这部著作的第三卷《鸟类的自然史》于1555年发表，格斯纳在书中讨论了他所知的所有鸟类物种。为了撰写百科全书式的物种叙述，他搜遍了所有经典的文献，并和当时最好的专家进行通信联系。但尽管格斯纳十分刻苦地工作，他的著作也仅仅收录了217个鸟种的信息。

尽管格斯纳曾经尝试过基于共有的形态特征将鸟类进行系统分类，他还是带有疑虑地根据物种的拉丁名按字母顺序给物种排序。物种的描述则由8个标准部分组成，也许现在的鸟类学家会对这个很熟悉：命名、分布、外部特征、行为、如何狩猎和捕捉以及驯化物种、食用、医用和在旧文献中被收录的历史。

《鸟类的自然史》共806页，包含了217幅木版画，大部分都出自法国特拉斯堡的画家卢卡斯·单恩。全页印刷的戴胜是其中最引人注目的作品之一。戴胜凭借其粉红色的羽毛、惊艳的冠羽、细长的弯嘴以及杂色的翅膀而成为欧洲最有特色的鸟种之一。戴胜的属名 *Upupa* 是一个拟声词，取自于它的典型鸣叫，三音节的空荡的"Oop-oop-oop"声，而种加词则来自它古老的希腊文名字"epops"。

惊艳的戴胜往往能引起关注，纵观历史，它在宗教和文化中有

物种分布范围
欧亚大陆、非洲和马达加斯加

书名
Historiae animalium liber Ⅲ, qui est de avium natura (Book Ⅲ of the histories of animals, about the nature of birds)
《动物志，第三卷：关于鸟类的自然史》

版本
Francofurdi: Ex officina typographica Ioannis Wecheli..., 1585

作者
康拉德·格斯纳（Conrad Gesner, 1516—1565）

插画师
卢卡斯·单恩（Lukas Schan，？—1550）、乔格·法布里修斯（Georg Fabricius, 1516—1571）和约翰尼斯·肯特曼（Johannes Kentmann, 1518—1574）

1. 虽然戴胜表面上和鸣禽比较相似，但是它是戴胜科（Upupidae）中唯一的现存物种，和其他佛法僧目科的鸟种如翠鸟或蜂虎存在着亲缘关系。

重要含义。古埃及人把戴胜当作神圣的动物，经常在宗教艺术中描绘戴胜，甚至把它的图像作为象形文字；在许多希腊和罗马的古典文学中都会提到色彩鲜艳的戴胜：在阿里斯托芬（Aristophanes）的喜剧《鸟》（The Birds）中，戴胜是鸟类之王；在奥维德（Ovid）的《变形记》（Metamorphoses）中，色雷斯国王特柔斯将自己变成了戴胜；在《圣经》的"利未记"中，戴胜被列为"可恶、不洁且不能吃"的鸟类；而在《古兰经》中戴胜则是国王所罗门和王后示巴之间的信使；在波斯文诗歌《鸟类的会议》（The Conference of the Birds）中，戴胜则是鸟类的首领。

游 隼

物种分布范围
世界各地

书名
Ornithologiae, hoc est de avibus historiae libri XII
(Ornithology, which is the history of birds in XII books)
《鸟类学，第十二卷：鸟类自然史》

版本
Bononiae [Bologna]: Apud Franciscum de Franciscis...,
1599-1603

作者
乌利塞·阿尔德罗万迪（Ulisse Aldrovandi, 1522—1605）

插画师
克里斯图多罗·克雷奥兰奥（Cristodoro Coriolano, 1540—? ）等

前面两篇文章介绍了贝隆和格斯纳的著作，紧随其后的是文艺复兴时期另一部伟大的鸟类学著作——乌利塞·阿尔德罗万迪的《鸟类学》。阿尔德罗万迪出身于博洛尼亚的一个贵族家庭，是一个真正的文艺复兴主义者，也是一位博物学家，他用继承的财富去做研究、四处旅行，为他的著作收集信息，雇用插画师等。除博物学外，他还研究数学、法律、哲学和医学。阿尔德罗万迪于1554年成为博洛尼亚大学的第一位自然科学教授，并开始着手进行一个颇具野心的计划，他打算撰写一部包括自然界各个方面的博物学著作。

虽然阿尔德罗万迪在1549年因宗教原因被逮捕入狱，但是他的表兄弟教皇格里高利十三世（Pope Gregory XIII）仍然资助出版他的作品。这个项目的研究工作涉及查询已有文献，并需要经常去意大利农村研究自然环境下的野生动物。在这些活动中，绘图员和标本采集者成为他的忠实伙伴，他们为阿尔德罗万迪的"自然剧院"（*teatro della natura*）准备图画和标本，在英语中通常称之为"奇物阁"（Cabinet of curiosities）。这里的"阁"并不是现代意义上的储物柜，而是今天自然博物馆的前身。它们是储存了各种标本的房间，包括动物剥制标本、骨骼、岩石或者贝壳，也有一些人类学的物品和古董。阿尔德罗万迪一生中，其标本收集室中积累了超过18 000件标本，其中一些在他死后400余年的今天仍然保存在博洛尼亚的波吉宫中。

阿尔德罗万迪选用了一种系统分类方法：他将他认为相似的物种

2.

1. 阿尔德罗万迪的《鸟类学》中的大部分插图绘制的是储藏柜里收藏的标本或从猎物市场购买的死鸟，而这只游隼不一样，图画中展示鸟鲜活的特征表示作者绘制的肯定是一只活着的隼。

2. 文艺复兴时期关于奇物阁最早的插图是费兰特·阿贝多（Ferrante Imperto）1599 年出版的《戴尔的自然史》（*Dell' historia naturale*）。

一起放进他的书中。这种系统分类方法在现代鸟类学家看来是比较奇怪的，比如将具有沙浴行为的鸟类认为是亲缘物种，或者像他同时代的人一样将蝙蝠当作是鸟类。然而，从科学的角度，阿尔德罗万迪的系统相比格斯纳的字母排列顺序分组还是有进步的。《鸟类学》中的插图是木版画（见 60 页），大部分工作是由著名的德国雕刻师克里斯图多罗·克雷奥兰奥制作的，比如这幅游隼。游隼的名字意为"流浪者"，是世界上分布最广的鸟类之一。游隼的食物主要是鸟类，它以极快的速度俯冲接近猎物，然后用翅膀拍打产生的强大冲力杀死猎物。游隼这种奇特的捕食行为使得它成为鹰猎活动中一个非常受欢迎的物种（见 144 页）。

木版印刷工艺

芭芭拉·罗兹 (Barbara Rhodes)

———◇———

在本书提到的 3 种制作插图的工艺（木版、雕版和石版印刷）中，木版印刷是和印刷之间的联系最为久远的一种印刷工艺。已知最早的装饰木刻术要追溯到 8 世纪的亚洲，那里的人们将印刷设计用在纺织物上。木版印刷最终于 1400 年传入欧洲，用于绘制纸牌和少数宗教艺术品。第一本用木版印刷的西方书籍是由阿尔布莱希特·菲斯特（Albrecht Pfister）在 1461 年在班贝格出版的流行寓言集《艾德尔斯坦》（*Edelstein*）。在 15 世纪末，木版印刷工艺在整个欧洲变得十分普遍。

制作一块在上面刻出文字或图画的木制印刷版的工艺过程大致如下。首先在一块木板的表面顺着木板的纹理设计并雕刻出有图案的模板。将图案绘制或转印到木头表面的方法有许多种。比如约翰·贝特（John Bate）于 1635 年出版的《自然和艺术的奥秘》（*Mysteries of nature and art*），就详细地介绍了素描、着色和绘图的过程，并描述了 3 种方法。第一种是把白铅涂在木板的表面，然后直接用墨水在木板上绘画；第二种方法是首先涂白木板，然后根据设计在纸上绘制，在纸的背后有红色或黑色的颜料（使其成为一种碳复写纸），这样图案就印在了木板上；第三种方法是把有图案的一面朝下按压在木板的表面，然后将纸润湿，再轻轻将其从后面揭去，直到能够清晰地看到墨水线。最后一种方法在复制已有的木刻版时是十分有用的。这种方法也可以应用在将图案纸反向贴到模板表面上，根据纸上的图案在木模板上直

1. 约斯特·阿曼（Jost Amman）描绘的印刷工人正在工作，出自阿瑟·M. 汉德（Arthur M. Hind）的《木刻画历史介绍·第一卷》（*An introduction to a history of woodcut, vol.1*，New York: Houghton Mifflin, 1935）。

Fig. 1. Jost Amman. The Printer, with the
press open.

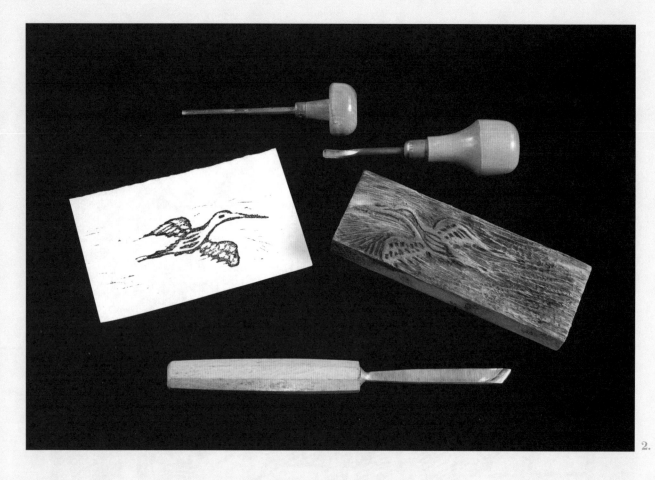

2.

接雕刻。但是如果这样做的话，图像被印刷出来后是原稿的镜像。

当设计稿被转印到木板上后，插画师就将线周围的木头用刻刀挖空，刻白留黑，使得这些线条都保留在木板的表面。为了达到更精细的效果，在木材的选择上最好是选择纹理紧密的树种，比如果树（尤其是苹果树、梨树和樱桃树）、梧桐树、榉木、枫树和核桃木。虽然黄杨木因其木质硬而难刻，但是这种木质因为能够提供精确的细节而被经常使用。

制作木刻的主要工具是切刀、三角刀（或金属雕刻刀）和圆头刀。切刀的刀刃较短，切刀有一个尖锐的倾斜度，这样就可以比较容易地挑出那些必须去除的小片木屑。三角刀是一个小钢杆上带有方形或菱形的横切面，它的使用方法和金属雕刻里的工具类似，所以也被称为金属雕刻刀。圆头刀是一个具有弧形切缘的工具。三角刀和圆头刀的柄都与手掌相贴合。这些工具都是通过推进来移除木板沟里的木屑。

2. 由文物保护工作者和艺术家保拉·施莱恩梅克斯（Paula Schryne-makers）创造的一种现代刻版术，图中展示的是一个印刷版和制作木刻版的典型工具。

由于一些艺术家根据自己的方法来设计和制作木板模具，所以这些制作工具也会根据不同的需求而改变设计和切割的功能。

在完成木刻后，下一步是给木板表面上墨。在约 1455 年印刷机出现之前，为了印刷单个的木刻图案，人们需要将木模具上墨，然后把纸压到模具上，或者是使用与上面步骤相反的工序，即用上墨的木模具擦过纸，这样可以节省印刷工的时间和精力。这种印刷版画如果提到印刷文本的高度就称为凸版印刷，和凹版印刷相反，凹版印刷的设计原稿在印刷版表面的下部。而平版印刷，就是图像印在表面。后两种方法都要求有一个特殊的冲压机，用于冲压图像。木版印刷并不需要一定将插图工作承包给专门的印刷员，而凹版印刷和平版印刷则需要。

书籍的木刻插图并不被认为是艺术作品，至少在最初阶段不是，其目的仅仅是为文本服务的。博物学图书，比如皮埃尔·贝隆的《鸟类自然史》（见 51 页）和乌利塞·阿尔德罗万迪的《鸟类学》（见 57 页），都依靠木刻插图来帮助传达书的信息，并使得读者对文字所描述的鸟类有一种直观、真实的感受。因为读者对这种表现形式的熟悉，以及这种工艺相对低廉的生产价格，即便在雕版印刷术出现之后，木版印刷仍然广为流行。然而，在 16 世纪中叶，木版印刷几乎被金属雕刻制版所取代。

西方松鸡

英国第一本鸟类学的科学著作是弗朗西斯·维路格比和约翰·雷的《鸟类学》。这两个人于 1653 年在剑桥大学三一学院的一次联谊会上认识，这次联谊会是由乡村铁匠的儿子约翰·雷所举办的。当时，雷已经在自然哲学领域小有名气，年轻而优雅的维路格比受到雷的思想的启发，成了他的合作者和赞助者。这两位好朋友设计了一套基于形态而不是功能的鸟类分类系统，通过一系列的特征比如喙和足的结构和形状将鸟类分为不同的类群。他们的分类系统推翻了 2000 多年前由亚里士多德创立的经典分类系统。维路格比和雷构思了一个计划，他们打算根据他们自己的观点描述自然界中的所有生物。为了完成这样雄心壮志的工作，他们开始着手准备一系列的野外考察。

首先，在 1662 年，他们周游了英伦三岛。然后在 1663 年的春天，他们动身前往欧洲大陆。这次雄心勃勃的欧洲大陆考察活动，是由维路格比资助的。他们在欧洲大陆的很多地方研究鸟类的生活，还在野味市场收集到许多有用的信息，因为这些地方人们将野外鸟类作为食物售卖。1664 年，当他们在博洛尼亚时，他们参观了乌利塞·阿尔德罗万迪（见 57 页）的标本室并阅读了他的《鸟类学》。回到英国后，这两人继续为他们的著作做准备，直到 1672 年的夏天，维路格比不幸患上了肋膜炎，很快就去世了，年仅 37 岁。幸运的是，维路格比给雷留下了继续开展这个项目的资金，《鸟类学》于 1676 年用拉丁文出版，两年后增印了英文版。《鸟类学》中有 77 幅雕刻版画（见 104

物种分布范围
欧洲北部和亚洲西部

书名
Ornithologiae libri tres
(Ornithology in three books)
《鸟类学（三卷本）》

版本
London: Printed by A. C. For J.
Martyn, 1678
J. Martyn, 1678

作者
弗朗西斯·维路格比（Francis
Willughby, 1634—1672）
约翰·雷（John Ray, 1627—
1705）

1. 在现实中，西方松鸡的雄鸟（上）的体重是雌鸟（下）的两倍。但在维路格比和雷的画作中比例的问题比较突出。图中显示的雄鸟栖息于针叶树的树枝上，展现了它的栖息地。

TAB XXX

Urogallus Seu Tetrao
major mas. The Cock
of the Wood or mountain

Urogallus fœmina
The Hen of y^e wood or
mountain.

页），遗憾的是质量欠佳。雷自己在前言中也承认了这一点："虽然我们雇用的雕刻工很优秀，然而他的有些雕刻作品并没有达到我们的要求"。的确，一些雕刻画显然是根据刚死去的鸟类标本雕刻的，但是其他的雕刻效果却不理想，以致图画上的种类都不能鉴定。此外，当几种鸟类在同一张版上描绘时，他们也没有尝试去标明鸟类的相对大小。当然，即使有这些缺点，《鸟类学》仍然具有巨大的价值，它为未来的鸟类多样性和分类提供了一个基础。

西方松鸡是松鸡科中最大的鸟类。其雄性（这里称为树林或山里的公鸡）可以重达 6.8 千克。它们生活在欧洲的寒温带针叶林中，是一种很受欢迎的竞技鸟类。在维路格比和雷的时代这种鸟类的分布还很广，但是过度狩猎和生境丧失使得它在许多区域已经地方性灭绝。

大白鹭

物种分布范围
全世界

书名
A voyage to the islands Madera, Barbados, Nieves, S. Christophers and Jamaica, with the natural history of the herbs and trees, four-footed beasts, fishes, birds, insects, reptiles, etc. of the last of those islands
《马德拉岛、巴巴多斯岛、尼维斯岛、圣克利斯托弗岛的航行，以及这些岛屿的草本、树、四足动物、鱼类、鸟类、昆虫、爬行动物等的最新的自然史》

版本
London: Printed by B. M. For the author, 1707–1725

作者
汉斯·斯隆爵士（Sir Hans Sloane, 1660—1753）

插画师
迈克尔·梵·德尔·古赫特（Michael van der Gucht, 1660—1725）

汉斯·斯隆爵士1660年在北爱尔兰邓恩郡相对简陋的环境下出生。他在19岁时到伦敦学习医学，最终成为包括连续3位国王：安娜女王（Queen Anne）、乔治一世（George Ⅰ）和乔治二世（George Ⅱ）在内的英国富人和贵族的"御用医生"。1716年，乔治一世授予他准男爵，他成为第一个受此世袭头衔的医生。斯隆也是一位著名的自然标本和文献收集家。他的私人图书馆和博物馆拥有超过71 000件藏品，可能在18世纪中叶的欧洲是最大的，英国和国外的鉴赏家经常来此参观。为了在自己去世后可以妥善地保护这些藏品，斯隆在1753年去世前把自己所有的藏品全部捐给了国家，将因此而得到的2000英镑留给了他的继承人。国会议案接受了这份"礼物"，这些藏品成为大英博物馆馆藏的一部分。

1687年，年轻的斯隆作为新任命的牙买加省长阿尔伯马尔公爵（the Duke of Albemarle）的医生来到了西印度群岛。公爵在到达之后不久便去世了，但是斯隆却在这些岛上度过了15个月，在此收集植物和动物标本并记录它们的自然史。回到英格兰后，他创作了《马德拉岛、巴巴多斯岛、尼维斯岛、圣克利斯托弗岛的航行》，共两卷。斯隆在西印度群岛旅行和对当地自然史的卓越观察在许多优异的印刷品中展示出来。这些印刷品大部分都出自弗莱芒地区（现比利时和荷兰之间的地区）的雕刻家迈克尔·梵·德尔·古赫特之手，他是基于加纳特·摩尔（Reverend Garret Moore）的绘画来制作的。这些印刷品大

Ardea alba maxima.
The largest white Gaulding:

部分都是大尺寸的，折叠在装订本的页面中，比如图 1 中"最大的白色古尔丁"。"古尔丁"（gaulding）或"高林"（gaulin）是西印度群岛对鹭类的俗名，至今仍然在使用。

在斯隆生活的时代，牙买加岛有 4 种白鹭，最大的便是现在我们所知的大白鹭。这是一个广布种类，在全世界的温暖地区都可以看到。在 19 世纪的美国，大量的大白鹭被屠杀，它们的羽毛被用作妇女帽子上的装饰。为了保护大白鹭和其他物种所通过的法律是首批重要鸟类保护运动之一，大白鹭现在是奥杜邦学会的标志。

斯隆对鹭类物种的说明显示了他作为一名医生的素养，他通过研究和解剖收集到的标本获得了内部和外部的解剖结构的详细描述和测量。在野外，斯隆是一个敏锐的观察者，他通过观察获得了鸟类的栖息地和食性的重要信息。

象牙喙啄木鸟

英国博物学家和艺术家马克·凯茨比是第一个记录处于英国殖民时期的美国的动植物的人，比约翰·詹姆斯·奥杜邦创作《美国的鸟类》（见 99 页）早了一个世纪。凯茨比年轻时，就认识伟大的英国博物学家约翰·雷，雷启发了他在博物学和自然发现上的兴趣。1712 年，凯茨比航行到美国弗吉尼亚州，和姐姐以及姐夫一起住在威廉斯堡，他姐夫在当地交际广泛。凯茨比在殖民地四处游历，足迹遍及从阿巴拉契亚山脉到大西洋海岸，在 1714 年他游历到牙买加岛和巴哈马群岛。在他游历时收集、描述、素描他所遇到的植物和动物标本，仅仅是因为个人爱好，而且没有打算发表这些发现。然而，当他 1719 年回到英国时，他发现祖国有许多博物学家对他的采集和观察很感兴趣。其中著名的汉斯·斯隆爵士（见 67 页），成了他的主要赞助者。斯隆和其他资助者赞助他重返"新大陆"（北美洲），于是在 1722—1726 年，他考察了美国的卡罗来纳州、佐治亚州和佛罗里达州，经常雇用当地的向导带领他到偏远地区。凯茨比专注于他的野外研究，尽可能地获得鸟类区系的"完整名录"，并宣扬他的信念——"很少有鸟类是我不知道的"。

凯茨比在 1726 年回到英国，耗时 17 年撰写了描述他在新世界发现的报告：《卡罗来纳州、佛罗里达州和巴哈马群岛的自然史》，这本书的文字撰写和绘画都由他自己完成。为了节省雇雕刻工的费用，凯茨比学习了铜版画技术（见 104 页）。他的报告以带插图的两卷本出

物种分布范围
曾分布于美国东南部和古巴

书名
*Natural history of Carolina,
Florida and the Bahama Islands*
《卡罗来纳州、佛罗里达州和巴哈马群岛的自然史》（以下简称《自然史》）

版本
London: Printed at the expence of the author, and sold by W. Innys..., 1731–1743

作者和插画师
马克·凯茨比（Mark Catesby，1682—1749）

1. 象牙喙啄木鸟一直到 20 世纪中叶都生活在路易斯安那州的原始森林中，尽管最近有人声称在阿肯色州和佛罗里达州有观察到，但是权威的记录表明该物种在美国的最后一笔记录是在 1944 年。在古巴的最后一次观察记录是在 1987 年，也许那里的野外种群仍然存在。

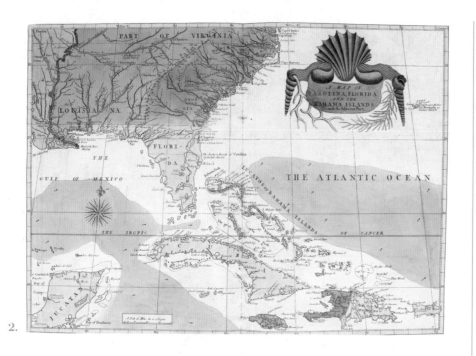
2.

2. 这幅来自凯茨比的《自然史》的地图展示了今天的美国东南部、墨西哥尤卡坦半岛和一些北部的加勒比群岛是怎样的情况：英国殖民地为粉色，法国殖民地为绿色，西班牙殖民地为黄色。

3. 黑剪嘴鸥的嘴用来抓住小鱼。当它飞行至接近水面时，用其下喙的表面将鱼切开。

4. 美洲夜鹰属夜鹰科（Caprimulgidae），在拉丁语中是"挤羊奶者"的意思，该科中大部分种类都是夜行性鸟类。它们用来捕捉昆虫的宽阔大嘴，曾经被认为是用来吮吸山羊奶汁的。

版，是第一个使用对开本尺寸、手工上色版画的自然史著作。第一卷用英语和法语描写鸟类学，该卷包含了超过 100 个鸟种的图片以及关于它们栖息地和生活习性的生动而准确的描述。因为凯茨比处理的是不太被了解的动物区系，因此他常常被迫创造鸟类新的学名。他写道："除了一些有印第安名字的种类外，这个国家很少有鸟类已经命名，因此我必须把它们放在同一个属的欧洲鸟类的后面，用另外的修饰语来区别它们。"他的命名在林奈的双名法（见 5 页）之前，凯茨比的学名经常用拉丁名来描述，比如用 "Turdus minor cinereo-albus non maculatus" 来描述北方嘲鸫，其字面意思是没有斑点的小型灰白色的鸫类。凯茨比也给这些鸟类取了英文名，其中一些仍然沿用至今：比如 "Hairy Woodpecker"（发冠啄木鸟）、"Blue Grosbeak"（斑翅蓝彩鹀）、"American Goldfinch"（北美金翅雀）和 "Yellow-breasted Chat"（黄胸大鹟莺）。其他也有一些是现代鸟类学家所不熟悉的，比如用 "Finch Creeper" 称呼[1]北森莺（Northern Parula），用 "Cut Water" 称

---

1 非"命名"，命名专指拉丁学名，这里指英文名，用"称呼"或"描述"。——译者注

3.

Larus major

T. 90.

4.

Caprimulgus.
The Goat-sucker.

T. 8.

呼黑剪嘴鸥（Black Skimmer），用"Goat-sucker of Carolina"称呼美洲夜鹰（Common Nighthawk）。

　　大部分插画所描绘的是雄鸟，凯茨比解释道："（因为）雄鸟的羽毛种类（除极少数以外）比雌鸟的更漂亮，我始终只展示雄鸟，除了2只或3只还加上了对雌鸟的一小段描述，这些鸟的雌性和雄性的颜色是不同的。"在大多数情况下，在鸟类的画版上通常还会包括一个植物标本。凯茨比写道："我已经适应了这些鸟类在它们取食的植物或其他与他们有任何关系的植物上。"70页中的象牙喙啄木鸟的图版就是这样一个组合，凯茨比把这个啄木鸟称为"最大的白色喙的啄木鸟"，画中的鸟站在柳枥上。在凯茨比的那个时代，象牙喙啄木鸟在今天美国东南部的原始森林中数量很多，但是在不到200年的时间里，由于生境破坏和狩猎，这个优势物种就灭绝了。甚至在凯茨比时代，这种啄木鸟就已经受到威胁。他描述道："这些鸟类的喙对加拿大的印第安人是十分有价值的，他们收集这种啄木鸟的喙来将花环固定在王子和伟大勇士的桂冠上，喙的方向冲外。在寒冷的地区没有这种鸟类，于是北部的印第安人从南方人这里以两张鹿皮（有时候是3张鹿皮）的价格购买一个鸟喙。"

　　象牙喙啄木鸟的确是一个引人注目的物种，它体长达51厘米，翼展76厘米，是世界上最大的啄木鸟。这个物种的外表看起来威风凛凛：十分醒目的黑白色斑纹、白色眼睛、巨大象牙颜色的喙，雄性有明显的红色冠羽。观鸟者十分感叹它的形态，将这种鸟类称为"神鸟大人"。它的行为也很受关注。它用强大的凿状喙撕碎腐烂的树皮，清除木片堆和树皮挖掘一个洞穴来寻找甲虫幼虫。凯茨比写到，它们用一个小时或两个小时时间就能刨出大量小木屑，因此西班牙人称它们为"木匠"。就连它独特的鸣叫声听起来也像是玩具喇叭，听到"双敲打"鼓声就预示着它将在不远处出现了。

栗喉蜂虎

物种分布范围
南亚和东南亚、瓦莱西亚和新
几内亚

书名
Histoire naturelle des oiseaux
(Natural history of birds)
《鸟类自然史》

版本
A Paris: De l' Imprimerie roy-
ale, 1770–1786

作者
乔治-路易斯·勒克莱克布丰伯
爵（Georges-Louis Leclerc, Comte
de Buffon，1707—1788）

插画师
弗朗索瓦·尼古拉斯·马丁
特（François Nicolas Martinet,
1731—约1800）

乔治-路易斯·勒克莱克是18世纪一位十分有影响力的博物学家，他根据地球上生命的分布和物种随时间的潜在变化，预言了19世纪出现的生物地理学和进化的学科。他于1707年出生在一个法国中产阶级家庭里，后来成为了国王路易斯十五世（King Louis XV）的至交好友，被任命为皇家自然史标本馆的管理者，该标本馆即法国国家自然博物馆的前身。

在后来的生活中，得益于国王的影响力，勒克莱克获得了布丰伯爵的贵族头衔，因此人们也称其为"布丰"。他的主要贡献是巨著《自然史》，在1788年他去世时已经编到36卷，他的同事继续编到44卷，于1805年完成了这个工作。这个庞大的工作包括专门描写鸟类的9卷，被称为《鸟类自然史》，于1770—1783年之间出版。作为当时世界上最广泛收集标本的法国皇家标本馆的馆长，布丰可接触超过800种鸟类标本，他的《鸟类自然史》被认为是他那个时代最为详尽的鸟类学著作。

《鸟类自然史》的鸟类学卷中有973幅手工上色的插图，这些插图的版是由弗朗索瓦·尼古拉斯·马丁特完成的，当时许多著名鸟类学家都选择请他来担任插画师。马丁特最初是以工程师和绘图员训练的，使用相对新的技术金属雕刻术工作（见104页）。虽然马丁特没有很好的艺术教育背景，而且他绘制的鸟画也是基于标本收藏柜的皮张标本，但是他的鸟类插图的姿势和形状以栩栩如生而著称。

　　和《鸟类自然史》中所有鸟类一样，这只栗喉蜂虎的插图的标签上仅有法文名字 "*Grand Guêpier des Philippines*"，字面意思是 "菲律宾的吃黄蜂的大鸟"。布丰刻意没有选择采用瑞典博物学家卡尔·林奈 1735 年才在他的《自然系统》中新提出的双命名法。林奈的双命名法给每个生物体一个由两个部分组成的名字，分别为属名和种名，现在在所有学科的分类中都已经被广泛接受。这种蜂虎是广布于亚洲的物种，而不像布丰的法国名字所建议的仅仅局限于菲律宾，然而 "*philippinus*" 这个名字一直作为这个物种的种名。栗喉蜂虎和这个科的其他物种一样，也在沙壁上挖掘出来的细长洞穴中筑巢，以蜜蜂、黄蜂和其他在它飞行中可以捕捉到的昆虫为食。

蓝冠山雀

描述一个地区的鸟类区系的文献已经有很长的历史。其中最古老的文献之一是科尼利厄斯·诺扎曼的《荷兰鸟类》。诺扎曼于1721出生于阿姆斯特丹，虽然担任荷兰宗教改革时期归正会的牧师，但是他对自然和科学有着浓厚的兴趣，这在达尔文之前并不常见。他是一位狂热的鸟类标本采集者，他得到安妮公主的特别许可，可以任何时候在整个荷兰的任何地点采集标本。诺扎曼1749年被安排到哈勒姆任职，是荷兰皇家科学及人文学会（Royal Holland Society of Sciences and Humanities）的创始人之一，该学会也是荷兰最早的科学学会。而且该学会一直用动物标本进行公众展示，是现代自然博物馆的先驱。

1759年，诺扎曼来到鹿特丹的教堂任新的职务。正是在这里，他开始了他的荷兰（也包括今天的比利时）鸟类专著的撰写工作，这是已知最早对这个区域的所有鸟类的综合报告。这一雄心勃勃的事业的合作者是阿姆斯特丹的塞普一家，塞普在自然科学著作的印刷和出版上很有经验。该书不仅包括鸟类的描述，而且还有它们生活习性的详细记录，特别是每个物种的繁殖生物学的信息，这一切表明诺扎曼是一位娴熟和敏锐的野外博物学家。书中250幅手工上色的铜版雕刻画大部分由简·克里斯蒂娜·塞普制作，展示了鸟类及其所处的自然环境，而且在如此早期的著作中这些鸟类的姿态十分生动。许多版画中都描绘了一些鸟种的成鸟还有巢和卵。因为许多插画师在描绘鸟类时都没有画背景，所以将鸟类放在生物背景中在那个时代是开创性的。比如图1中蓝冠山

物种分布范围
欧洲、北非和中东

书名
Nederlandsche vogelen; vogens hunne huishouding, aert, en eigenschappen...
(Birds of the Netherlands; according to their daily life, their particular ways and characteristics...)
《荷兰鸟类，根据鸟类的日常生活、特殊方式和特征》

版本
Amsterdam: J.C. Sepp, 1770–1786

作者
科尼利厄斯·诺扎曼（Cornelius Nozeman，1721—1786）

插画师
简·克里斯蒂娜·塞普（Jan Christiaan Sepp，1739—1811）

1. 蓝冠山雀是人们最熟悉的欧洲鸟类之一，其天然巢穴筑在树洞里，但是也会在花园的人工巢箱中筑巢。

078

PARUS CAERULEUS.

雀的巢的插图中有 12 枚卵，这在这个鸟种中是比较典型的。蓝冠山雀是晚成鸟中窝卵数最大的鸟类。

《荷兰鸟类》的第一卷于 1770 年在阿姆斯特丹出版，但是最后一卷也就是第五卷直到 1829 年才完成，这时原作者和插画师都已去世多年：诺扎曼和塞普分别在 1786 年和 1811 年去世。这个工作由荷兰著名博物学家马丁努斯·侯图伊（Martinus Houttuyn）继续，在他去世后由莱顿的荷兰国家自然博物馆（现在的自然生物多样性中心）的第一任负责人康纳德·雅各布·特明克（见 126 页）完成。在该书出版时，全套价格是 525 荷兰盾，是那个时期荷兰出版的最贵的书。因为出版的时间跨度几乎超过 60 年，所以完整的一套是极其稀少的。幸运的是美国自然博物馆图书馆拥有一整套。

圭亚那动冠伞鸟

物种分布范围
南美北部

书名
Histoire naturelle des oiseaux de paradis et des rolliers, suivie de celles des toucans et des barbus (*Natural history of birds of paradise and rollers, followed by toucans and barbets*)
《天堂鸟和佛法僧的自然史，以及巨嘴鸟和须䴕》

版本
Paris: Chez Denné le jeune..., 1806

作者
弗朗索瓦·莱瓦来兰特（François Levaillant, 1753—1824）

插画师
雅克·巴拉班（Jacques Barraband, 1767—1809）

弗朗索瓦·莱瓦来兰特于 1753 年出生在南美苏里南荷兰殖民地的帕拉马里博城一个法国家庭。在这里，小弗朗索瓦在热带雨林中游荡，用气枪采集鸟类标本。在 1763 年，莱瓦来兰特举家搬回法国洛林地区的梅斯，他给药剂师和鸟类标本采集者基恩-巴普蒂斯特·贝科（Jean-Baptiste Bécoeur）做学徒，贝科创造了使用砒霜防止昆虫损害鸟类皮张的方法。在贝科的专业指导下，莱瓦来兰特学习了作为研究所用的鸟类的采集和标本制作技巧，以及鸟类标本识别所需的关键判断力。

莱瓦来兰特花了许多年在欧洲的各大自然博物馆标木馆研究鸟类，在这一时期，他引起了荷兰东印度公司的司库、标本采集者雅各布·特明克的关注。特明克认为莱瓦来兰特是派往南非的荷兰开普殖民地进行鸟类采集考察的合适人选。这次考察从 1781 年 4 月至 1784 年 7 月，历时 3 年，莱瓦来兰特深入欧洲在南非殖民地的腹地，最后带着超过 2000 张鸟类皮张回到欧洲。他结合其他在非洲采集到的标本，出版了备受赞誉的非洲鸟类专著。受到这次成功的鼓舞，他和雅克·巴拉班合作又开始着手准备一系列的带插图的对开本专著。《鹦鹉的自然史》（*Histoire naturelle des perroquets*）是第一本专门针对一个科鸟类的著作，为 19 世纪一系列伟大的鸟类学专著奠定了基础。这一系列中的第三卷是 1806 年出版的《天堂鸟和佛法僧的自然史》，该书集中介绍了许多颜色鲜艳的鸟类，其中大部分为热带鸟类，包括天堂

鸟、佛法僧、巨嘴鸟和须䴕鸟。此外，莱瓦来兰特还是一位优秀的插画师，他描绘了大部分以前创作的逼真鸟类图像，他的功劳还包括把一种新的印刷技术引用到博物学书籍的插图中。这种方法被称为"*à la poupée*"，字面意思为"洋娃娃"，它用洋娃娃——球形的纺织团——直接将彩色油墨印到金属雕刻版上，用这种方法所呈现的颜色比传统的手工着色雕刻更为鲜艳。

在这本书中，圭亚那动冠伞鸟是一个特例，它所隶属的伞鸟科并没有在标题中提到。这里所展示的雄鸟在求偶场通过展示它生动而奇特的羽毛对毛色暗淡的雌鸟进行求偶炫耀。它们的求偶场被称为是"公共求偶场所"，在这里可能会聚集 40 只甚至更多的雄鸟。在完成配对后，雌鸟将卵产到巢里，这些巢一般用泥和植物为巢材，用唾液黏在垂直的石头上，它的英文名"耸立在石头上"（Cock-of-the-rock）由此得来。

欧亚鸲

托马斯·贝维克于 1753 年出生在英国诺森伯兰郡米克利的一个小村庄里。他的父母都是贫困的佃农，因此他没有受过正式的教育，但是他在小时候便展示了对艺术的天赋。他 14 岁时搬到泰恩河畔的纽卡斯尔成为了拉尔夫·贝尔比工作坊的一名雕刻工学徒。虽然当时的铜版雕刻术（见 104 页）是版画制作的常用方法，贝维克却致力于木版雕刻，他的雕刻被认为是那个世纪中叶最好的范例。

传统的木刻术是在软木头上顺着纹路进行切割（见 60 页）。虽然这样使得雕刻十分容易，但是版的磨损也很快。贝维克使用更难雕刻的黄杨木，穿过纹路切割，他用更独特的金属雕刻工具来雕刻版画，这样他的作品中可以有更多的细节。将雕刻的木版切成同样的高度，做成可移动的印刷类型，在出版时使用这种组合可以让贝维克以相对便宜的成本来生产大量黑白插图的书籍。而那个时候包含了单独手工着色图版的典型大开本专著，只有富人才买得起。

使得贝维克为后人所铭记的是他的《英国鸟类史》，这本书一共出版了两卷，分别是 1797 年出版的《陆禽》（*Land Birds*）和 1804 年出版的《水禽》（*Water Birds*）。虽然《英国鸟类史》的文本大部分是其他作者文章的汇编，但是这本书中包含了很多很好的研究，可读性非常强，而且偶尔会穿插一些个人观察记录。贝维克在 233 幅插画上做了他自己的"忠于大自然"的标记。和早期的木刻插图不同，贝维克还加上了山水田园的背景做修饰，使得插画更加自然。《英国鸟类史》

物种分布范围
欧洲和北非

书名
A history of British birds
《英国鸟类史》

版本
Newcastle: Printed by Edw. Walker... for T. Bewick... 1826

作者
托马斯·贝维克（Thomas Bewick，1753—1828）
拉尔夫·贝尔比（Ralph Beilby，1744—1817）

插画师
托马斯·贝维克（Thomas Bewick）

1. 欧亚鸲是鸲之"源"。美国和澳大利亚殖民者在新大陆（北美洲）见到和它长得很像的物种后都以它的名字来命名。因为它们红色的胸部让他们想到这种熟悉的英国庭院鸟类。

THE REDBREAST.

简单朴实、价格低廉而且很容易买到，一经出版立即获得了成功，经久不衰。19 世纪，这部著作激励了许多鸟类学家。

　　英国鸟类图画中的典型之一便是这只在积雪的冬天景色里的鸲。胸部羽毛为红色的欧亚鸲是英国儿歌、传统诗歌和无数圣诞卡片的主题，这种鸟是英国花园中最为人熟悉的鸟类，尤其在冬天。它也是一种性情温顺的鸟类，经常会靠近花园的菜农，在新鲜挖掘的土壤中寻找蚯蚓。在夏日的森林和花园里，这些喧闹的鸟儿没日没夜地发出温暖的、如长笛般的啼啭声。

白头海雕

物种分布范围
北美

书名
American ornithology, or The natural history of the birds of the United States: illustrated with plates, engraved and coloured from original drawings taken from nature
《美国鸟类学》或名《美国鸟类自然史：根据自然鸟类的写生画对插图版进行雕刻和上色》

版本
Philadelphia: Bradford and Inskeep, 1808-1814

作者和插画师
亚历山大·威尔逊（Alexander Wilson，1766—1813）

亚历山大·威尔逊常被称为美国鸟类学之父，他创作了美国鸟类的第一本综合性著作。威尔逊于 1766 年出生在苏格兰的佩斯里，13 岁就开始工作，成了一个纺织学徒。在 7 年后，他离开了这个行当，为生计所迫做了一个小商贩，但是却致力于写作。他的许多诗歌和散文都是抨击工业革命带来的社会问题，经常抨击当时社会的名门望族。他因为损害这些人名誉的讽刺作品而偶尔被拘捕甚至被判入狱。他为了寻求《独立宣言》中承诺的自由，于 1794 年离开了苏格兰来到美国费城。威尔逊最初来到美国从事纺织业，但是他最后在费城郊外的格里斯费里地区（Grays Ferry）担任了教师一职。1803 年他在这里遇到了他的邻居，博物学家威廉·巴特拉姆（William Bartram）。这次偶然的会面让威尔逊开始了新的课程。巴特拉姆允许威尔逊进入他的图书馆，这启发了威尔逊将美国鸟类进行汇编。接下来的 3 年，威尔逊在美国东北部进行采集活动，观察并绘制鸟类，之后威尔逊回到费城，在一个出版社谋到一个职位，这个出版社答应将他的著作以丛书的形式出版。

第一卷包含了 9 幅威尔逊自己手工着色的插画，出现在 1808 年出版的《美国鸟类学》或名《美国鸟类自然史》中。当时，购买这么奢侈的插图著作需要预订才行，威尔逊接下来的 5 年周游全美，描述鸟类新种和寻找著作的预订者。他在 1810 年的旅行中在肯塔基州的路易斯维尔遇到了一个年轻的店主，这个店主虽然没有预订这一套书，却深受威尔逊工作的启发。这个人不是别人，就是约翰·詹姆斯·奥杜邦，他在接下来的几年出版了他自己的《北美鸟类》（见 99 页）。不幸的是，威尔逊没能看到这个项目的完成。1813 年，他因痢疾去世，年仅 47 岁。这时他正在撰写第八卷，后来第八卷和第九卷由他的朋友乔治·奥德（George Ord）完成。这一系列著作包括了 262 个鸟种的描述和插图，其中 39 种完全是新发现的鸟种。

为了节省版面空间，威尔逊著作大部分的图版上都包含了几种鸟类。但是威尔逊却反常地让白头海雕占据一整个版面，可能是因为这种雄壮的鸟类在 1782 年被选为了美国的国鸟。从 1935 年开始，白头海雕出现在一美元钞票的背面，这只雕翅膀张开，抓着 13 根箭和 13 根带叶子的橄榄枝。

（下图）威尔逊的"白头海雕"的背景是尼亚加拉瀑布，海雕正在取食一条鱼，展示了一个鲜活逼真的景象。批评家说约翰·詹姆斯·奥杜邦在他的白头海雕版画中剽窃了这幅作品。

White-headed Eagle.

散羽鸠

物种分布范围
新喀里多尼亚岛

书名
Les pigeons (The pigeons)
《鸠鸽》

版本
Paris: Chez Mme. Knip, 1811

作者
康纳德·雅各布·特明克
（Coenraad Jacob Temminck,
1778—1858）
或保林·克里普（Pauline Knip,
1781—1851）

插画师
保林·克里普（Pauline Knip）

康纳德·雅各布·特明克在四处都是自然博物馆的阿姆斯特丹长大。他的父亲雅各布·特明克是荷兰东印度公司的司库，维护着一个著名的鸟类标本馆，这里的鸟类来自莱瓦来兰特（见 81 页）。阿姆斯特丹富有的商人甚至皇室王子才拥有的鸟类"藏宝阁"，年轻的特明克都能去参观。在 1795 年，他父亲给 17 岁的特明克安排了一个公司职员的工作。幸运的是这份工作只持续到 1800 年，因为那家公司破产了。因此特明克有了去追寻他热爱的鸟类学的机会。1807 年，特明克为了找到一个可以为他计划出版的《鸠鸽》一书绘制插画的人而去了巴黎。在这里他遇到了插画师保林·德·古塞尔（Pauline de Courcelles），她是雅克·巴拉班的门生，她为特明克的样章绘制了 12 幅一系列的画，特明克认可了她画作的质量遂将她聘为合作者。版画的第一部分出现在 1808 年出版的《鸠鸽自然史》中，特明克为作者，德古塞尔为插画师。

然而，当特明克于 1812 年重返巴黎时，他发现这个现在被称为克里普夫人（Madame Knip）的插画师［1808 年她和荷兰画家约瑟夫·克里普（Joseph Knip）结婚］欺骗了他。她私自把后续的未出版部分印刷并装订起来，给书取了一个新名字"鸠鸽"，而且她成了这本书的唯一作者。她不惜重新印刷说明代替了原来的标题页，以覆盖特明克的名字。当时克里普夫人已经成为拿破仑·波拿巴（Napoleon Bonaparte）妻子玛丽·路易斯王后（Empress Marie Louise）的官方博

物学画家，可能正是这份特殊工作带给她的收入，以及拿破仑时代战争带来的混乱，使得她决定尽早独自出版这本书。当然，特明克知道这件事后异常愤怒，他和克里普夫人的合作关系也旋即破裂了，因此这本关于鸠鸽的著作在那时没有完成。直到 1813—1815 年，特明克出版了没有克里普夫人插图的文本，这一著作奠定了他作为一个鸟类学家的声誉。而克里普夫人在 1838—1843 年再版了《鸠鸽》，其中包括了全新的第二卷。这已经在结束波拿巴王朝统治的滑铁卢战役之后，玛丽·路易斯王后自然也没有了影响力，但是克里普夫人仍然拥有她出版物的版权。最后，这两个人显然重新开始合作了，这是因为特明克需要让克里普夫人重新描绘一批他的合作者新发现的物种。

尽管克里普夫人的职业道德饱受争议，然而她是那个时代最好的鸟类画家却是没有异议的。她使用"洋娃娃"技术（见 83 页）来还原散羽鸠光彩华丽的颜色。这种斑鸠是散羽鸠属唯一的成员，只有在太平洋西南新喀里多尼亚的森林里才能见到，并且是由特明克在《鸠鸽》中命名的。

白须娇鹟

威廉·斯文森于 1789 年出生于英国伦敦，在利物浦长大。他的父亲在港口的海关部门工作，是一位酷爱自然标本的收藏家。因此激发了年轻的威廉采集标本的热情，当他才十几岁时，利物浦博物馆官方就让他撰写一本小册子《自然标本的采集和保护指南》。在 14 岁时，威廉开始在码头他父亲身边工作。18 岁时他被派往地中海，开始在马耳他，然后到西西里岛，在那里他度过了接下来的 8 年。由于身体原因，他于 1815 年回到英国，辞去工作，致力于撰写他的采集报告。他很快又想外出旅行了，于是在 1816 年参加了由亨利·科斯特（Henry Koster）领导的巴西科学考察团。他们在里约热内卢和圣弗朗西斯科周围的沿海地区采集标本，在这里他遇到了探险家和博物学家维德–新维德的马克西米利安王子（Prince Maximilian of Wied-Neuwied）（见 95 页）。

斯文森于 1818 年开始出版他发现的新物种的插图报告。手工上色的铜版雕刻是当时绘制插图的标准方法，然而，这种方法需要聘请专业的雕刻师，所以版画的制作费用极其昂贵。斯文森决定尝试新的石版印刷技术，该技术可以让他自己也能完成制作这些插图的工序（见 160 页）。斯文森的《动物插图》第一卷于 1820 年出版，然后开始倾向使用石版技术来绘制鸟类，石版印刷也在 20 世纪成为常态。

直到 1841 年，斯文森才最终出版了巴西考察的报告《巴西和墨西哥的部分鸟类》，这本石版印刷的书中只有图，没有说明文字，当时

物种分布范围
南美热带地区

书名
A selection of the birds of Brazil and Mexico
《巴西和墨西哥的部分鸟类》

版本
London: H. G. Bohn, 1841

作者和插画师
威廉·斯文森（William Swainson, 1789—1855）

（右图）虽然斯文森掌握了新的石版印刷技术，但是他的印刷方式表明他深受雕版的影响。他画的羽毛用直线条，与后来的石版印刷出版物中稀疏、卷曲和鳞状线条的效果不同。

仅印刷了 175 册。

　　白须娇鹟应该是斯文森在巴西考察时遇到的常见鸟类。斯文森的版画中描绘了具有斑驳羽毛的雄鸟，他所展现的是雄鸟在公共求偶场中进行的复杂的求偶炫耀动作。每只雄鸟在森林的地上清理出一块"求偶地"，通过拍打、振翅的方式从地上跳到小树之间炫耀求偶。许多雄鸟可能会集中在一起，向浅绿色的雌鸟求偶。

红腿叫鹤

物种分布范围
巴西南部到乌拉圭和阿根廷北部

书名
Abbildungen zur Naturgeschichte brasiliens (Illustrations on the natural history of Brazil)
《巴西自然史插图》

版本
Weimar: im Verlage des Grossherzogl. Sachs. Priv. Landes-Industrie-Comptoirs, 1822–1831

作者
维德–新维德的马克西米利安王子
（Maximilian, Prinz zu Wied-Neuwied, 1782—1867）

维德–新维德的马克西米利安王子是一位德国探险家、博物学家和人类学家，在分类学文献中通常简单地称其为马克西米利安（Maximilian）或维德（Wied）。他生于 1782 年，是位于莱茵河东岸的维德–新维德大公国的王子。在拿破仑战争期间，他加入了普鲁士骑兵队，位列少校军衔。然而他的"初恋"却是博物学，他在亦师亦友的同好——探险家亚历山大·冯·洪堡（Alexander von Humboldt，1769—1859）的启发下，对巴西进行了一次考察。马克西米利安是首批允许进入这片广阔未知区域的西方博物学家之一，因为葡萄牙政府禁止非葡萄牙人进入其南美殖民地，以保护那些已经发现了昂贵金属矿床的地区。在为期两年的旅行中，马克西米利安的考察队从里约热内卢通过沿海的雨林向北到巴伊亚的萨尔瓦多地区，以及向内陆延伸到干燥的卡丁加森林，他们的团队在这些区域广泛地采集了许多动植物标本。

马克西米利安于 1817 年回到故乡新维德后，致力于出版他的观察和采集记录，仅鸟类而言，他就描述了 164 个新物种。关于巴西考察的系列出版物《巴西自然史插图》包括一部游记、采集种类的详细分类介绍和 90 幅彩色版画，于 1822—1831 年分为 15 卷出版。在这些鸟类插图中，这幅出色的版画绘制的是红腿叫鹤。这种神秘的鸟类是南美洲干旱区的特有种，因其大声吵闹的鸣声而被在那个地区旅行的人所熟知，它的声音甚至可以在一英里外的地方听到。人们用狗吠

（左图）红腿叫鹤是叫鹤科（Cariamidae）两种现存鸟类之一。叫鹤科鸟类和已灭绝的骇鸟科（Phorusrhacidae）或称"恐怖鸟"亲缘关系较近，后者是中新世（2300 万至 500 万年前）时缺乏飞行能力的大型捕食者。

和土鸡咯咯叫之间的声音来描述它的鸣声。

仅仅在马克西米利安去世两年之后的 1869 年，他收藏的标本就被挂牌售卖。这时新成立的美国自然博物馆派丹尼尔·吉罗德·艾略特（Daniel Giraud Elliot）（见 156 页）去欧洲挑选标本，并从法国购买维内奥克斯兄弟（Verreaux brothers）采集的著名标本，此外他还从马克西米利安的藏品里挑选了许多重要的标本。他用 1500 英镑为博物馆买到了马克西米利安在巴西考察时收集到的鸟类标本 4000 件、兽类标本 600 件、鱼类和两栖爬行类标本 2000 件，其中还包括许多模式标本。马克西米利安的鸟类标本至今还保存在美国自然博物馆的鸟类标本馆，仍然经常被研究巴西鸟类分类的鸟类学家所研究。

1.

巨隼

物种分布范围
美国南部到南美洲

书名
The birds of America; from original drawings
《美国鸟类：原图》

版本
London: Published by the author, 1827–1838

作者和插画师
约翰·詹姆斯·奥杜邦（John James Audubon，1785—1851）

1810 年 3 月 19 日，在肯塔基州的路易斯维尔，两个男人的见面改变了美国鸟类学的未来。当时亚历山大·威尔逊来为他的《美国鸟类学》（见 101 页）寻找订购者，于是他来到了奥杜邦的商品贸易店。威尔逊走入奥杜邦的会客室，展示了自己的两卷著作。奥杜邦最初是打算订购的，但是他的生意伙伴费迪南·罗泽（Ferdinand Rozier）阻止了他，用法语和他说："亲爱的奥杜邦，你为什么要购买这本书呢？我确定你远比他画得好！"出乎威尔逊意料的是，奥杜邦马上就展示了他的作品。年长的威尔逊大为惊讶，他从不认为其他任何人能够画出和他匹敌，甚至超过他水平的画作。威尔逊问奥杜邦是否打算将他的绘画出版，却得到了否定的答案。当然，奥杜邦最后还是出版了他自己的作品，而且他的工作可能永远盖住了威尔逊的光芒，他自己也成为研究美国鸟类的开创性人物。

奥杜邦戏剧性的一生开始于 1785 年，他出生于法国加勒比海的殖民地圣多明戈，也就是今天的海地，他是一个法国海军军官吉恩·奥杜邦（Jean Audubon）和情妇珍妮·拉宾（Jeanne Rabin）的私生子，拉宾是一位来自美国路易斯安那州的女仆。奥杜邦的母亲在他出生后不久就去世了，岛上的奴隶叛乱使得老奥杜邦带着儿子吉恩·拉宾（Jean Rabin）去了法国。在这里，年轻的奥杜邦被他父亲的妻子收养，并将名字改成吉恩-雅克（Jean-Jacques）。在奥杜邦 18 岁时，为了避免入征拿破仑的军队，他从父亲那里弄来一张假护照并远走美国去继

1. 巨隼是隼的近缘种，在美国仅在佛罗里达州、得克萨斯州和亚利桑那州繁殖。它经常被称为墨西哥雕，是墨西哥的国鸟。

承他们家在费城附近米尔罗格的一处房产。

到了费城后，奥杜邦很快就和邻居的女儿、同样对自然感兴趣的露西·贝克威尔（Lucy Bakewell）坠入爱河。然而，贝克威尔的父亲认为在奥杜邦找到谋生之路前，他俩不能结婚。于是奥杜邦变卖了在宾夕法尼亚的家族房产，向西搬迁，最初在肯塔基州的路易斯维尔开了一家商店并定居下来，然后在 1810 年搬到更远的俄亥俄河下游的

2.

2. 大蓝鹭约 1.3 米高，是美国最高的鸟类之一。为了将鸟类的实际尺寸等比例地匹配到这幅画中，奥杜邦将这只标本的颈部弯曲成一个不自然却引人注目的姿势。

3. 美洲蛇鹈广布于美洲，但在美国仅分布于东南部的湿地中。它通常被称为蛇鸟，因为它受到惊吓时的游泳习惯是仅仅将脖子和头露出水面。奥杜邦的画中展示的是一只雄鸟（上）和一只雌鸟（下）。

4. 褐鹈鹕是一种盐水鸟类，奥杜邦发现在佛罗里达群岛数量较多。这里展示的是一只雄鸟栖息于红树林（*Rhizophora mangle*）中。

5. 白尾鹞在奥杜邦时代被称为沼泽鹰，是广布于田野中的一种猛禽。这个版画展示的是一只亚成体（上）、成年雄鸟（中，常被称为"灰色幽灵"）和成年雌鸟（底部）。

6. 这种褐色的嘲鸫，这里称为赤褐鸫，是嘲鸫的近缘种。奥杜邦描绘了 4 只保卫鸟巢、阻止黑蛇捕食的赤褐鸫，这是相当奇特的场景。

3.

4.

5.

6.

亨德森市，那已经是西部的边境地区。1808年，在到达肯塔基州6个月后，奥杜邦和露西结婚，他们定居在亨德森市的小木屋中，并在此养育两个儿子。奥杜邦走进周围的森林中，不仅为了狩猎获得食物，也寻找可以供他绘画的鸟类。正是在这里，奥杜邦加入了肖尼和奥沙狩猎组织，很快就穿上了边境装束的鹿皮衣和鹿皮鞋。这个家庭在亨德森市一起生活了十年，但是生活十分艰辛。奥杜邦的投资生意失败，他甚至被关进了债务人的监狱中。1820年，他决心专注于鸟类学，并沿着密西西比河出发到达南部为他计划编写的《美国鸟类》的绘制工作考察那里新的鸟种。

奥杜邦以写生的方法来绘制鸟类，这和大多数早期鸟类插图家用剥制标本作为模型不同。他的方法是先射杀一只鸟类，然后将鸟类以动态的姿势固定到一块网格板上。这种方法可以让他十分详细准确地绘制图像，这也是至关重要的。他的工作技术清楚地展示在第98页的巨隼的版画上。固定死鸟的姿势以达到戏剧性效果之后，他就从上到下开始描绘。为了展示羽毛的细节，上面那只鸟的尾巴很不自然地呈扇形打开。奥杜邦首次遇到巨隼是在佛罗里达。他写道："（我）没有意识到鹭或者巴西雕会在美国存在，直到去了佛罗里达。"他在圣奥古斯汀附近发现这种鸟在取食一匹死马，追赶了很多天没能成功。最后他的助手射杀了这只鸟，在鸟腐烂前，奥杜邦花了24小时完成了这幅画。

1824年，奥杜邦在费城寻找图书出版人，但很快就遭到鸟类学机构的拒绝。这些机构仍然非常忠诚于威尔逊。在美国找不到出版商的他，构思了一个大胆的计划，打算去欧洲试试运气。1826年4月，41岁的奥杜邦带着超过300幅画远航英格兰。奥杜邦的画作在乔治国王时代的英国立即引起了轰动，在这里，他展现的是一个浪漫主义拓荒者的形象，他穿着鹿皮衣、用熊脂使长发柔光顺滑。他的艺术作品无论尺寸大小还是戏剧程度都是前所未见的，所以很快就有了众多的订购者，其中包括国王乔治四世（George Ⅳ）。奥杜邦在伦敦时，和伟大的雕刻师、蚀刻师罗伯特·哈弗尔（Robert Havell）建立了很好的关系，后者开始制作版画，后来成就了经典作品《北美鸟类》(*The Birds of North America*)。这项工作的工作量巨大，因为约 99 厘米 × 66 厘米的双开本的尺寸大小才能让奥杜邦的绘画以原尺寸出版。最后的印刷版本于 1838 年发行，在此前的十来年间，奥杜邦曾 3 次返回美国去采集和绘制新的物种。最终，《北美鸟类》由 87 卷包含了 435 幅手绘上色的原尺寸的版画组成，描绘了 497 种北美鸟类。奥杜邦这部具有里程碑意义的著作成为后世鸟类绘画艺术的标杆。

雕刻与蚀刻工艺

芭芭拉·罗兹 (Barbara Rhodes)

用雕刻金属版作为一种印刷书籍插图的方式已有很长的历史，几乎和木刻印刷的时间一样长。成本相对低廉的雕版印刷技术直到 15 世纪 30 年代才开始渐渐普及。第一本运用金属雕刻版制作插图的书是托勒密于 1477 年在意大利博洛尼亚出版的《地理学》（*Geographia*），在德国出版了第一本木刻插图的书籍之后的第 16 年。然而，因为大众欣赏品位，以及木版印刷工艺相对比较容易，16 世纪的后半叶之前铜版印刷技术一直不是制作书本插图的主要方式。

雕刻插图最常用的金属是红铜，因为红铜质地软，而且容易操作，但是偶尔也会使用黄铜进行雕刻。铜版雕刻术是一种凹版工艺，其中印刷的线位于光滑的印刷版表面之下。所用的版必须抛光得十分平滑，任何划痕和其他表面的凹陷都会藏住墨水，就会和插图一起被印刷出来，那样做出来的图像看起来又脏又黑。

线条雕刻是艺术的最早形式，是用一种叫作刻刀或者錾刀的工具来制作的，这些工具和木刻所用的同名的工具颇为相似。手柄放在手心，重点是沿着金属推动刻刀刻出绘画的线来。同时还需要用另外一种叫作刮刀的工具来除去金属。各种不同类型的刻刀一起使用来完成版画要求的绘画和任何文字。

有很多书都介绍过如何将图像转移到金属版上，比如约翰·贝特（John Bate）的《神秘的艺术和自然》（*Mysteries of Art and Nature*, 1635）。先将图像画在纸上，然后在金属版的表面轻微打上蜡。然后将图像成模在蜡衣之上，可以用粉状的颜料，或者将颜料画到画的背面后将其印到版的前面——就像"碳纸"一样。线条一旦断掉，他们可以用木炭粉混合油擦拭，这样雕刻师更容易看清楚。

另外一种常见的，和铜刻一起（在同一张版画上）的工艺是蚀刻。蚀刻最初用于装饰金属物品比如盔甲，首次用于版画制作是在16世纪30年代。这是一个化学过程，用一种酸将线条切断或者说"咬断"。这样做通常是让版画的刻制工作更加迅速，但是这样产生的线条不像手工雕刻做出来的那么清晰。贝特认为，"蚀刻只是铜刻的一种模仿，过程更加迅速，但是没有雕刻工做得那么美好"。

蚀刻术是在已抛光的铜板上涂上轻漆、沥青、蜡，这些物质覆盖住的地方不会与酸发生反应。然后，用金属针来绘制图稿。金属针刺破这层保护膜，在版画的边缘构建一个蜡墙，线条露出底层的铜版，铜版与硝酸发生反应。大概半个小时以后，将酸倒掉并冲洗画版。重复这个过程，直到将线条被蚀刻得足够深。虽然蚀刻比雕刻所花费的时间短，但是仍然需要相当多的技巧。亚历山大·威尔逊尝试蚀刻

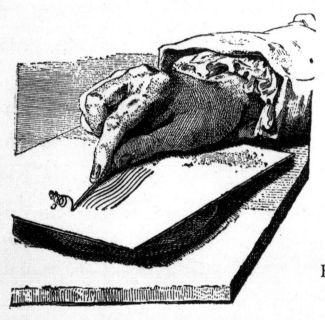

Fig. 2. Method of holding and using the Burin.

1.

《美国鸟类学》（见 87 页）中两个版的插图，但是最后他不得不求助于专业的蚀刻师来完成他的插图。

与仅仅印刷文字的版相比，金属版图版印刷需要更多不同的印刷冲压机。早期用木头做成的印刷冲压机，有一个平而重的台板，将其降低可以压在纸上，紧贴着着墨的印刷版。凹版印刷版是由滚轴印制的，滚轴可以承受极重的压力，承印纸与墨版从中间滚过。这种重压将画版压到纸张上，将金属表面以下的纤维压平，在边缘形成图版标记。只有那些非常大的印刷机构才能负担得起自己印刷金属雕刻版插图，所以大多数印刷商都将这项工作外包给专业人员。

如果留有空间，插图版能与文字版在同一页印刷，但是一般插图版都是和文字版分开处理制作的，需要把纸张单独送给专业人士。当插图页被单独制作完成之后，折好，收集到一起加入印刷的图书中形成"文本模块"。通常是被"粘贴在书页间"，这意味着插图页是从边缘贴到书籍的页面中。如果有很多单独雕刻的插图页，也可以一起装订，就像是一叠一样。

在 16 世纪中期，虽然文图分开印刷和插图页的装订仍然存在缺陷，但金属雕版印刷术还是取代了木版印刷术成为主要的书籍插图印刷方式，原因如下：（1）因为金属雕刻印刷术能够以更好的方式再现图像细节，而且被认为是一种更加精确的方法；（2）相比木刻版，金属雕刻版在多次印刷后不容易损坏；（3）蚀刻有助于让制作金属印刷版的制作过程更加迅速，成本更加低廉。金属雕版印刷技术在其后的200 年内成为图书插图印刷的主要形式，直到 19 世纪才最终被平版印刷术所取代。

1. 该图展示如何握住和使用刻刀，出自利普曼神父的《雕刻和蚀刻》（*Engraving and etching*）。

2. 用于印刷亚历山大·威尔逊的《北美鸟类学》第 50 张铜版的一部分细节，展现了雕刻（图中的鸟和数字 5）和蚀刻（图中的树枝）。

2.

距翅麦鸡

约翰·爱德华·格雷从 1840 年到去世前一年的 1874 年一直是大英博物馆动物学分部的管理者。他主持了在"日不落帝国"鼎盛时期的科学考察，收集了全球四个区域的标本。在他任期内，大英博物馆的标本广博程度超越了 18 世纪占主导的位于莱顿和巴黎的欧洲自然标本馆，成为世界上藏品最为丰富的自然博物馆。

格雷于 1800 年出生于斯塔福德郡的沃尔索尔，但是很快就搬到他父亲做药品生意的伦敦。他第一次接触博物馆是在 15 岁时，他成为一名昆虫采集志愿者。他在 1824 年正式加入动物学分部，参与爬行类标本的分类工作。他发表了将近 500 篇关于动物学各个方面的文章，其中包括许多新物种的描述。但是他经常将鸟类新种描述的工作交给他弟弟，时任博物馆鸟类学分部负责人的乔治·罗伯特（George Robert）（见 135 页）。虽然年长的格雷不是鸟类专家，但是他为许多重要的动物学插图本著作撰写了文字说明，其中包括《印度动物学图绘，主要选自哈德维克少校的采集》。

和许多在印度的早期博物学家一样，托马斯·哈德维克少校（Major-General Thomas Hardwicke，1755—1835）是当时控制大部分印度的东印度公司的一名军人。他周游了印度次大陆，收集了许多标本和绘画，在 1823 年返回英国时，将这些收藏品带回大英博物馆。他私人资助了《印度动物学图绘》中的 202 块手工制作的彩绘图版，但是这部著作的出版工作直到他去世后才得以完成。

物种分布范围
印度北部到亚洲中南部

书名
Illustrations of Indian zoology; chiefly selected from the collection of Major-General Hardwicke
《印度动物学图绘，主要选自哈德维克少校的采集》

版本
London: Treuttel, Wurtz, Treuttel, Jun. And Richter, 1830-1834

作者
约翰·爱德华·格雷（John Edward Gray，1800—1875）

插画师
本杰明·沃特豪斯·霍金斯（Benjamin Waterhouse Hawkins，1807—1894）

（右图）距翅麦鸡在地上求偶炫耀，求偶过程包括伸展、弯身、旋转和竖起羽冠。

该书的插画师是本杰明·沃特豪斯·霍金斯。他最著名的艺术品可能是 1851 年在伦敦世界博览会的水晶宫中展出的真实尺寸大小的、用水泥制成的恐龙模型。随后他被委托在纽约中央公园中制造同样的恐龙模型，但是这个建筑项目因与城市政治相冲突而未完成。

距翅麦鸡，英文名也叫"River Lapwing"（河麦鸡），是麦鸡亚科（Vanellinae）的一种具有锋利翅距的鸟类。"距"并不是真正意义上的爪，因为它不是在脚趾的顶部形成。顾名思义，这种麦鸡和比较大的河流生境联系紧密。它们在卵石滩和沙洲的筑巢生境正因为修建大坝和人类侵占而受到威胁。

尤加利鹦鹉

物种分布范围
澳大利亚西南部

书名
Illustrations of the family of Psittacidae, or parrots
《鹦鹉科插图》或名《鹦鹉》

版本
London: E. Lear, 1832

作者和插画师
爱德华·李尔（Edward Lear, 1812—1888）

爱德华·李尔是一位以五行诗和打油诗而出名的作家，同时他也是一位鸟类艺术界的先驱。他出版第一本插图绘本是在 1830 年，那时他年仅 18 岁，刚受雇成为伦敦动物学会的插画师。这份工作使得他有机会接触许多从遥远地方寄到伦敦的鸟类活体标本，也激发了他开创性的鸟类学研究工作。李尔的出版计划雄心勃勃，特别是考虑到他年纪轻轻以及所需要付出的组织工作。制作这样一本书籍是极其昂贵的，通常需要拥有一定数量的订购者才行。著作会以系列或分册的形式发行，当整个系列完成以后再以适当的序列装订在一起。虽然李尔收到了审稿者对著作的高度评价，但这个项目的订购者太少，仅有 175 个，因而从经济的角度讲是失败的。这部著作发行了第 12 卷以后，他不得不在 1832 年的春天被迫放弃了这个项目。

但是他的天赋并未被埋没，年轻的李尔继续为更加敬业的约翰·古尔德（见 114 页）创作专著绘制插图，直到 1837 年视力受损和疾病缠身中断了古尔德前途无量的鸟类学研究职业。年仅 25 岁的李尔离开英国来到意大利，他的余生一直留在国外，通过旅行、写作、绘制景观画来维持生活。

在 19 世纪早期，鹦鹉受到很多人的追捧，富有的收藏家们大批地购买和售卖鹦鹉。李尔有幸进入伦敦动物园和其他私人收藏鸟园中。在这些私人收藏里值得一提的是诺斯利厅的鸟舍和动物园，这里是伦敦动物学会主席斯坦利勋爵的家，斯坦利后来成为李尔的主要赞

（左页）尤加利鹦鹉是 *Purpure-icephalus* 属中唯一的物种，其属名由拉丁文 "purpureus"（紫色）和古希腊文 "kephalos"（头部）组成。

助者（见 120 页）。

使用活体而非博物馆标本作为模特，能够让李尔捕捉到鸟类的神情和自然状态下姿势。左图中惟妙惟肖地展现的雄性尤加利鹦鹉是在李尔创作这幅画的 12 年前被发现的。在版画的复制版里可以看到它原来的学名是 "*Platycercus pileatus*"，之后由于分类变化被改成了 *Purpureicephalus spurius*。这个物种是澳大利亚极西南部的温带区域桉树或胶树森林里的特有种。但是李尔从未见过澳大利亚的灌丛等生境，因此在他的书籍里展示的图片像这幅鹦鹉版画一样，通常由显著的鸟类主体和并不显著的背景组合而成。

蓝喉太阳鸟

19 世纪带插图的鸟类专著作者中，几乎没有任何人能和"鸟人"约翰·古尔德相媲美。然而，很多人不知道的是，在他名下发表的著作中的 2999 幅插图，没有一幅是由古尔德自己画的。虽然古尔德是一个杰出的商人、博物学家和美术编辑，但他却是一个很差的画家，这个问题一直到他在 1829 年 1 月和年轻的艺术家伊丽莎白·科斯恩（Elizabeth Coxen）结婚后才得以解决。这两个年轻人是在伦敦苏豪区的动物标本制作商店邂逅的，那里被称为博物学家的圣地。一些评论家说这场婚姻，至少对于古尔德来说，是捡了一个很大的便宜。众所周知新婚的古尔德夫人很快就投身于绘制图版，而且是不间断地工作，甚至在她怀孕期间也一样。不幸的是，他们的第一个小孩夭折了。有意思的是，古尔德将伊丽莎白的作品发给图书作者们，甚至还附上因为他"身体不适"的妻子的原因，而导致的延迟递交的歉意。

1830 年，当古尔德在伦敦动物学会工作时，他获得了一些少量但是十分珍贵的来自喜马拉雅山区的鸟类皮张标本，这片区域在那时还很少有人考察过。这给了他一个去创作一本著作的黄金机会，描述鸟类的一个"世纪"，或者说是 100 种鸟类，其中包括超过 25 种以前从未描述过的种类。此时，古尔德夫人开始担任一家公司的插画师，而且怀上了他们的第二个孩子，她开始根据她丈夫粗糙的草图进行石版制作工作。她在 80 个图版上绘制了 100 种鸟类，这些图版被分为 12 个部分来发表，

物种分布范围
喜马拉雅山脉、中国西南和东南亚北部

书名
A century of birds from the Himalaya Mountains
《喜马拉雅山脉鸟类的一个世纪》

版本
London: Published by the author, 1832

作者
约翰·古尔德（John Gould, 1804—1881）
尼古拉斯·埃尔伍德·维格斯（Nicholas Aylward Vigors, 1785—1840）

插画师
伊丽莎白·古尔德（Elizabeth Gould, 1804—1841）

（右页）这个图版展示的是一个早期的例子，手工着色技术的尝试使得印刷品可以展示出鸟类色彩斑斓的羽毛。

最后的版本于 1832 年 4 月完成，比预期提前了 5 个月。不知道古尔德是否对他妻子的艰苦而卓越的劳动满意，因为他并没有在该书的前言里致谢妻子，也没有在出版书籍的标题页提到插画师是谁。

幸运的是，这本书的辅文作者尼古拉斯·维格斯给了伊丽莎白"描绘这些物种"贡献应有的承认，他以伊丽莎白的名字命名了一个新物种"*Aethopyga gouldiae*"[1]来表彰她的工作。虽然这种太阳鸟和蜂鸟形态相似，而且都以花蜜为食，但它们的亲缘关系较远。它们在形态和行为上的相似性是一个趋同进化的例子，也就是亲缘关系较远的类群进化出相似的特征或适应性。伊丽莎白·古尔德一直为她丈夫出版的书籍而工作。1841 年，在结婚 12 年和养育了 8 个孩子后，伊丽莎白不幸去世了，年仅 37 岁。

---

1 现在称为蓝喉太阳鸟，英文名意为古德尔夫人太阳鸟。——译者注

大海雀

物种分布范围
曾经分布于北大西洋，现已
灭绝

书名
The birds of America; from original drawings
《美国鸟类：原图》

版本
London: Published by the author, 1827-1838

作者
约翰·詹姆斯·奥杜邦（John James Audubon, 1785—1851）

插画师
约翰·詹姆斯·奥杜邦和小罗伯特·哈弗尔（Robert Havell Jr., 1793—1878）

大海雀是最具标志性的已灭绝鸟类之一，历史上有 78 件已知的大海雀标本，每一件都有详细的采集信息。对于一个已经灭绝的物种，我们不仅对它有详细的了解，还有准确的标本记录，这是十分少见的。据记载，在 1844 年 7 月 3 日的早晨，一艘划艇靠近埃尔德岛附近的小冰岛，3 个人将两只海雀带回岸上。大海雀很容易捕捉，因为它缺乏飞行能力且在地上行动很笨拙，它们粗短的翅膀是用来在水下"飞行"寻找鱼类的，不擅长逃离专门捕捉它们的猎人。据说这可能是已知的最后一对大海雀，虽然很多年后在海上还有零星几笔可疑的记录。

约翰·詹姆斯·奥杜邦和他的儿子约翰·伍德豪斯（John Woodhouse）1833 年夏天来到加拿大东北部的拉布拉多沿岸。奥杜邦希望能找到罕见的大海雀，虽然在那时它的种群已经因为人类的捕猎而急速下降。奥杜邦写道，当地渔民告诉他"企鹅"（当地人将大海雀称为企鹅）在纽芬兰岛（Newfoundland）东部的一个低而多石的岛上繁殖，他们杀死了大量的幼鸟用来作为鱼饵。据推测，渔民所提到的岛就是芬克岛（Funk Island），因为那里曾经是大海雀最后的繁殖群栖地之一。然而，现代研究者认为大海雀可能在 1800 年就已经在这个岛上灭绝了。另外，奥杜邦的信息来自繁殖季节的后期，他可能没有机会确定它的准确性，因为这些鸟类可能已经离开了繁殖地。那个岛的名字是芬克——"Funk"，意思是邪恶的味道，人们给这个岛这样命名

可能是因为这里积累了几个世纪以来大海雀粪便难闻的味道。由于奥杜邦未能获得一只新鲜标本或在野外观察到这个物种，他只能一反常态地用1836年在伦敦购买的剥制标本来绘制这只大海雀。

"Penguin"（企鹅）这个词的词源不详，但是欧洲水手通常用这个名字来称呼大海雀，也是它属名"Pinguinus"的来源。现在南半球那些被我们称为企鹅的鸟类，是因为其外形与大海雀类似而被水手们错误地取了相同的名字。实际上，海雀是北半球海雀科（Alcidae）鸟类的一种，该科包括像海鹦和海鸽这样的鸟类。

雕 鸮

在他的短暂而辉煌的鸟类插画师职业生涯里，艺术家爱德华·李尔和爱德华·斯坦利勋爵（Lord Edward Stanley）保持着紧密的关系，斯坦利在 1834 年成为德比郡的第十三任伯爵。1830 年，18 岁的李尔向伦敦动物学会申请希望获得在摄政公园的动物园里绘制鸟类的许可。那时斯坦利勋爵是学会的主席，他主持了评审会议，批准了李尔的申请。因为斯坦利对李尔的绘画印象十分深刻，于是成了他的专著《鹦鹉科插图》（见 111 页）的早期订购者，并邀请李尔使用他自己私人鸟园里面饲养的鸟类作为写生的对象。斯坦利在利物浦附近的豪华庄园诺斯利厅中拥有一个巨大的鸟舍和动物园，这个庄园以世界上前所未有的最完整、最重要的私人动物园而著名。该庄园的面积超过 100 英亩，在他去世时，园内共有 94 种兽类共 345 只，318 种鸟类共 1272 只。

虽然李尔在 1832 年开始为约翰·古尔德工作，为《欧洲鸟类》制作石版画来弥补古尔德失败的鹦鹉项目，但是李尔最大的收入还是来自斯坦利。李尔受到了斯坦利的公开邀请，去绘制诺斯利的稀有珍奇的鸟兽，所以在 1831—1837 年，李尔在庄园里度过了数月。虽然他们两人来自完全不同的社会阶层，但他们对博物学的共同热情让他们的关系越来越紧密，甚至超过了那个时代一般人正常的界限。李尔和斯坦利的家人一起吃饭，用他的漫画和打油诗来娱乐伯爵家族里的年轻人。李尔为斯坦利创作所使用的艺术形式是水彩画，而且他经常绘

物种分布范围
欧亚大陆

书名
The Birds of Europe
《欧洲鸟类》

版本
London: Published by the author; printed by R. And J. E. Taylor, 1837

作者
约翰·古尔德（John Gould, 1804—1881）

插画师
爱德华·李尔（Edward Lear, 1812—1888）
伊丽莎白·古尔德（Elizabeth Gould, 1804—1841）

（右图）李尔最著名的打油诗是《猫头鹰和猫咪》。在第二节的开头他写道："猫咪对猫头鹰说，'你这只优雅的鸟儿！歌声是多么的甜蜜而迷人！'"

制鸟类活体，所以他更倾向于保存完好的皮张，并使用石版印刷的技术。在李尔离开英国9年后，约翰·爱德华·格雷将这些绘画的一部分以石版画的形式出版，收录在《诺斯利厅鸟舍和动物园拾遗》中，后来古尔德的出版书籍中也用了许多这些画作为制作图版的参照。

李尔在绘制猫头鹰上有特别的天赋，在古尔德的著作《欧洲鸟类》中，李尔贡献了他最好的作品之一。雕鸮是这个科中最大的鸟类之一，在大多数猛禽中，雌鸟比雄鸟重，能达到4千克。作为凶猛的捕食者，这些猫头鹰皆取食兽类和鸟类，它们通常通过猛扑向栖木来捕捉猎物。

仙人掌地雀

物种分布范围
加拉帕戈斯群岛中部

书名
The zoology of the voyage of H.M.S Beagle, under the command of Captain Fitzroy, R.N., during the years 1832 to 1836. Part 3: Birds
《贝格尔号航海的动物学，1832 年至 1836 年，在菲茨罗伊船长的指挥下，第三部分：鸟类》

版本
London: Smith，Elder and Co.，1839–1843

作者
约翰·古尔德（John Gould，1804—1881）

插画师
约翰·古尔德（John Gould，1804—1881）
伊丽莎白·古尔德（Elizabeth Gould，1804—1841）

当贝格尔号 1835 年 9 月到达加拉帕戈斯群岛时，查尔斯·达尔文已经在海上漂泊超过 4 年了。他开始想家，感觉疲惫且长期晕船，而且他和船长罗伯特·菲茨罗伊（Robert Fitzroy，1805—1865）的关系已经恶化。尽管这样，贝格尔号在群岛停留的 5 个星期中，他还是设法收集了一些鸟类标本，虽然他后来发现采集的方法并不令人满意。

在达尔文回到英国 3 个月以后，1837 年 1 月，达尔文将他采集的鸟类和兽类的标本赠送给了伦敦动物学会，由约翰·古尔德来鉴定和描述这些物种。这是近代自然科学历史上最有意义的事件之一。

在贝格尔号离开英国时，达尔文年仅 22 岁。虽然他是一位满腔热情的博物学家，但是他并不是一位训练有素的鸟类学家，所以他未能认识到他这些标本的意义，只能用鹪鹩、柳莺、蜡嘴雀和乌鸫来记录这些鸟类。事实上是，古尔德意识到了这些鸟类是地雀里全新的一个类群，每一种都使用不同的取食模式。于是古尔德命名了这个类群的 11 种新物种。但是存在一个问题，达尔文制作标本时忽略了制作标签，因此他并不知道这些鸟类的具体采集地。幸运的是，菲茨罗伊船长和其他船员也采集了一些同样的鸟类，这就是后来闻名的"达尔文雀"（见 30 页），他们用岛的名字来给它们做了对应的标签。通过这些标本，古尔德能够确定这些新物种是特定岛屿的特有种。这些新的发现是启发达尔文提出他最为著名的自然选择等一系列进化理论至关重

（左图）在古尔德的图版中，仙人掌地雀和仙人掌属植物或刺梨仙人掌的关系密切。带条纹的雌鸟在上面，黑色的雄鸟在下面。

要的基础。

1841 年，古尔德撰写的关于这次航海考察活动采集到鸟类在达尔文编辑的《贝格尔号航海的动物学》的第三部分发表。文中的插图是伊丽莎白·古尔德根据她丈夫的草图（见 114 页）所作的 4 开本大小的手工着色石版画。该卷可能是在所有图版中，唯一完全由古尔德夫妇共同完成的作品。

仙人掌地雀是最初由古尔德命名成 *Cactornis* 属[1]的鸟类，意为"仙人掌鸟类"。这个物种在大部分加拉帕戈斯的岛屿中生活，而在较小的外岛上被大嘴仙人掌雀所代替。

1　这是现在不存在的一个属。——译者注

苏拉皱盔犀鸟

从 16 世纪后期开始，荷兰人通过他们强大的海军力量和荷兰东、西印度公司的殖民活动，发展成为一个新兴的殖民帝国。他们拥有了许多遥远的贸易市场——从新几内亚至苏里南，因此私人收藏家积累了大量动植物标本。1820 年，荷兰从拿破仑统治下的法国独立出来后不久，荷兰皇家法令要求在莱顿大学城建立自然博物馆。建立博物馆的幕后操作者便是曾担任过东印度公司司库的康纳德·雅各布·特明克，后成为该馆的第一任负责人，直到 1858 年去世。特明克，也就是康纳德的儿子（见 89 页），也将他的私人收藏带到博物馆里，博物馆还获得了其他私人收藏品和来自殖民地的新标本。在特明克的管理下，博物馆迅速成为拥有世界上最重要的鸟类标本的博物馆之一，而且成为鸟类学研究的主要中心。

基于这些重要的藏品，特明克更为重要的工作之一是《彩绘鸟类版画新集》。这一系列，像其题目中所说一样，真正意义是布丰的《鸟类自然史》（见 75 页）的延续。这本出版物也是特明克和法国查尔特斯男爵梅福仁·德·劳吉叶合作的产物，正是因为要创作这本书，特明克可以去描述莱顿博物馆和位于巴黎的法国国家自然博物馆的许多新物种。劳吉叶男爵在这个项目中的角色看起来是资金提供者。撰写文字的科学工作和选取何种鸟类来描述都是由特明克完成的，他还监督了插图的制作。这些手工着色的铜版画是由尼古拉斯·于埃和吉恩-加布里埃尔·普莱特完成的，这两人都是为巴黎博物馆工作的著

物种分布范围
印度尼西亚苏拉威西岛

书名
Nouveau recueil de planches colori-iées d' oiseaux, pour servir de suite et de complément aux Planches enluminées de Buffon
(*New collections of colored plates of birds, serving to complement Buffon's Planches enluminées [colored plates]*)
《彩绘鸟类版画新集，以补充布丰的彩色版画》

版本
Paris: F.G. Levrault, 1838

作者
康纳德·雅各布·特明克（Coen-raad Jacob Temminck, 1778—1858）
梅福仁·德·劳吉叶（Meif-fren de Laugier, 1772—1843）

插画师
尼古拉斯·于埃（Nicolas Huet, 1770—1830）
吉恩-加布里埃尔·普莱特（Jean-Gabriel Prêtre, 1800—1840）

（右图）这幅雄性苏拉皱盔犀鸟的插图相当精确地描绘了这种鸟"柔软部分"的颜色，即在活体鸟类红色的皱盔、黄色喙和蓝色的喉囊，而博物馆标本的这些部位经常会褪色。

21.

Calao à cimier.

Huet.

名鸟类插画家。

1820—1839 年，这部拥有 605 幅插画的著作分为 5 卷 10 册，陆续出版。这部作品一共描述了 669 个物种，其中特明克自己就命名了 480 种，这是世界鸟类多样性的一个重要部分，同时也反映出荷兰东印度区域的鸟类十分丰富。印度尼西亚的苏拉威西岛（在荷兰殖民时期称为西里伯斯岛）拥有大量的特有物种，其中最为引人注目的可能就是特明克 1823 年在《彩绘鸟类版画新集》中描绘的苏拉皱盔犀鸟。

蓝翅笑翠鸟

物种分布范围
澳大利亚北部和新几内亚南部

书名
The birds of Australia
《澳大利亚的鸟类》

版本
London: Printed by R. And J. E.
Taylor; published by the author,
1848

作者
约翰·古尔德（John Gould,
1804—1881）

插画师
伊丽莎白·古尔德（Elizabeth
Gould, 1804—1841）
亨利·康斯坦丁·里克特
（Henry Constantine Richter,
1821—1902）

毫无疑问，如果没有鸟类标本，鸟类插画师就没有可以绘制的"模特"，而鸟类专著的作者也就没有新种可以描述。然而，在自然科学发展史上，在野外采集这些标本的采集师们经常冒着生命危险在艰苦危险的条件下工作，并且收入很少，即便有的话也是在已出版书籍上获得。但是，最终这些书卷是否取得成功，在很大程度上取决于这些带着猎枪和标本剥制工具的标本采集师的技能。

在维多利亚时期的英国，发现并描述新种的竞争是非常激烈的，但是没有人比以此为生意的约翰·古尔德更加了解最先获得一个新标本的价值。19 世纪 30 年代末，古尔德根据英国标本采集者的一些澳大利亚标本出版了两本澳大利亚鸟类的书籍。但是古尔德并没有满足，他认为如果他想继续研究澳大利亚的动物区系，就应该亲自去这些地方进行采集标本，而不是等待别人从殖民地筛选后带回英国的标本。

在那时，几乎没有欧洲人深入广袤的澳大利亚大陆进行考察，欧洲的殖民者几乎都住在澳大利亚几个零散的沿海殖民聚居地。古尔德意识到他需要一名优秀的采集师深入更多的偏远地区，而他和妻子伊丽莎白则在驻地进行收集和绘画。他聘请了一个伦敦动物学会的前动物标本剥制师约翰·吉尔伯特（John Gilbert, 1812—1845）作为他的野外采集者。他们的考察队从 1838 年 5 月开始了为期 4 个月的海上航行到达澳大利亚。他们抵达位于澳大利亚东南部塔斯马尼亚岛的霍巴特，但是几个月后古尔德派吉尔伯特横穿大陆到达澳大利亚西部的

1.

1. 笑翠鸟是澳大利亚和新几内亚的大型翠鸟。和其他翠鸟不同，它们和水没有关系，主要以爬行动物、小型兽类和大型昆虫为食。它们拟声的名字源于当地原住民的文字"guuguubarra"。在此处展示的蓝翅笑翠鸟是由约翰·吉尔伯特在埃辛顿港采集的。

天鹅河殖民地（现在的珀斯）。除了基本开支外，吉尔伯特每年得到100英镑的薪酬，但是他似乎觉得被古尔德欺骗了，他经常抱怨这点酬劳根本不能负担在偏远殖民地的基本生活开支。尽管困难重重，但吉尔伯特仍采集了至少包括175种鸟类的750件标本，其中许多是科学上的新物种。吉尔伯特按照计划回到悉尼，希望在这里找到古尔德讨论未来的采集计划并报销他私人垫付的费用。等到了悉尼后，吉尔伯特才知道古尔德已经返回英国了。雪上加霜的是，他还发现他留给其他人照看的行李也已经被偷了。古尔德只是在离开澳大利亚时，匆忙地给吉尔伯特留下了下一步需要继续采集的物种名单。吉尔伯特经过一阵漂泊后，前往北部领土的"顶部"埃斯顿港，这是一个鸟类区系未知并存在新种的区域。正如古尔德所希望的那样，吉尔伯特获得了大量的新物种，其中有一种非常美丽的未知雀类。吉尔伯特于1841年9月回到伦敦，他发现古尔德正沉浸在妻子伊丽莎白去世的悲伤之中，此前伊丽莎白生下了她的第8个小孩，年仅37岁就香消玉殒。吉尔伯特采集的这只漂亮的雀后被命名成七彩文鸟（*Amadina gouldiae*，英文意为古尔德雀），以纪念伊丽莎白。

在英国仅短暂度过4个月之后，在古尔德的坚持下，吉尔伯特于1842年2月再次开启了澳大利亚的第二段旅程。这一次，古尔德给了吉尔伯特一个合同，里面列了要求他采集的各种标本的名单，并且希望这次工作的期限为"至少3年"。尽管面临挑战，但吉尔伯特显然十分热爱这份在澳大利亚荒野的工作。在出发时给古尔德的信中，吉尔伯特写道，"我现在精神好极了，每晚都梦到澳大利亚袋鼠和当地的雀类"。最开始，吉尔伯特在他第一次采集过的西澳大利亚的珀斯活动，但是后来向东来到新南威尔士，继续向北来到昆士兰州的南部。1844年，就是在这里他遇到了古怪的德国探险家路德维格·莱卡特（Ludwig Leichhardt，1813—1848），后者正计划从布里斯班到埃辛顿港的路上进行探险活动。从来没有人尝试过穿越这条200英里（约321千米）的路线。但是这个冒险计划一旦成功，就能保证吉尔伯特"开启澳大利亚热带地区所蕴藏神奇物种的绝佳机会"。不可否认，这是一次

131

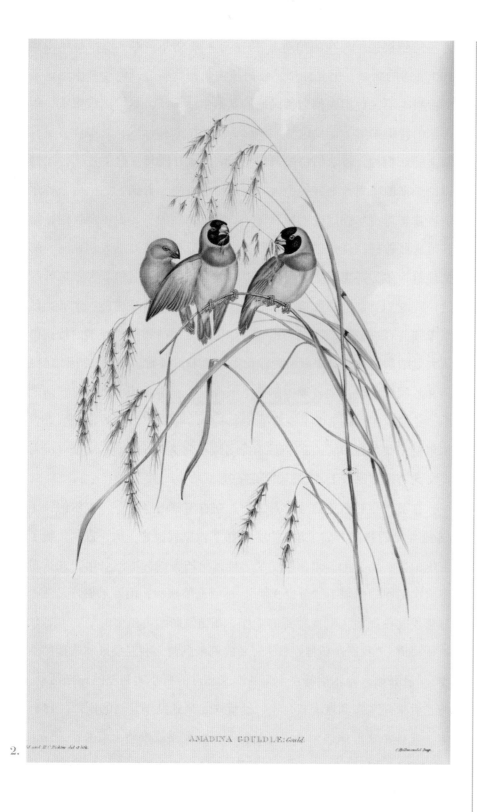

2.

AMADINA GOULDIE: *Gould.*

2. 七彩文鸟，学名为 *Erythrura gouldiae*，是约翰·古尔德于1844年命名的，以纪念他的妻子伊丽莎白。

3. 吸蜜鸟科是一个多样化的科，分布于整个澳大利亚。很多属的鸟类的舌头特化成刷尖状，专门取食花蜜，如这里展示的蓝脸吸蜜鸟（*Entomyzon cyanotis*）。

4. 吉氏啸鹟是约翰·古尔德命名的物种里唯一一种为了纪念采集者"Gilbert"的鸟类：*Pachycephala gilbertii*。但是这个名字后来因为分类变化，现在的学名为 *Pachycephala inornata*，意思是"头部无浓密斑纹的"。

5. 蓝胸细尾鹩莺（*Malurus pulcherrimus*）是澳大利亚西南部特有种，由古尔德命名，意思是"最漂亮"。

6. 华丽琴鸟（*Menura novaehollandiae*）是澳大利亚最具标志性的鸟类之一。它以具有超强的模仿能力而著称。

3.

ENTOMYZA CYANOTIS: *Swains*

4.

PACHYCEPHALA GILBERTI: *Gould*

5.

MALURUS PULCHERRIMUS: *Gould*

6.

MENURA SUPERBA: *Shaw*

"非常危险的旅程"，但是吉尔伯特对于能够完成任务十分乐观。古尔德对吉尔伯特的提议和对新物种的期待也十分激动。莱卡特的团队于1844年10月1日在昆士兰州南部的达令唐斯出发，并预计在6周以后到达埃斯顿港。考察队最终于1845年12月以极度疲惫和饥饿的状态到达了目的地。不幸的是，吉尔伯特并不在最后完成探险的队员名单中。就在6个月前的6月28日，他在一次原住民袭击中，被长矛击中后不幸去世。

吉尔伯特采集的澳大利亚鸟类和兽类的新物种比其他任何采集者都多，即使直到今天，他采集的标本对古尔德的七卷对开本的《澳大利亚鸟类》的成功出版作出了无可替代的贡献。然而，古尔德仅把一个羽色十分普通的鸟类以吉尔伯特的名字命名：吉氏啸鹟（Gilbert's Whistler）。吉尔伯特被安葬在他遇难地的灌丛中，在悉尼教堂里也有一个他的纪念碑，上面的悼文是：为科学献身，光荣而伟大（*Dulce et decorum est pro scientia mori*）。

走 鹃

物种分布范围
墨西哥北部和美国西南部

书名
The genera of birds: comprising their generic characters, a notice of the habits of each genus, and an extensive list of species, referred to their several genera
《鸟类的属：有关的属的信息，包括一般特征、每个属的习性信息、物种名录》

版本
London: Longman, Brown, Green, and Longmans, 1844–1849

作者
乔治·罗伯特·格雷（George Robert Gray，1808—1872）

插画师
大卫·威廉·米歇尔（David William Mitchell，1813—1859）
约瑟夫·沃尔夫（Joseph Wolf，1820—1899）

在 19 世纪中期以前，鸟类名录和分类重点将物种作为基本分类单元。然而，在 1735 年卡尔·林奈发表《自然系统》之前，人们对命名物种的方法没有达成共识，作者们只能用较长的描述性名字来给物种命名。林奈提出的双名法指出，每个生物体应该有一个由两部分（或双名字）组成的名字，包括属名和种加词。属名以大写字母开头，种加词则以小写开头，比如走鹃的学名为 *Geococcyx californianus*。走鹃的属名 *Geococcyx* 意为"陆地的杜鹃"，种加词 *californianus* 是"来自加利福尼亚"的意思。一开始，一些权威人士不承认林奈的分类系统，但是这套系统最终还是被接受为世界通用的分类系统。物种的概念很容易为分类学家所理解。除去年龄、性别或季节差异，如果其他特征看起来是不同的，那么它就是一个物种。在那个发现的时代，识别和命名新物种成为当时鸟类学的主要重点。而属却是一个更难掌握的概念。它是为了将相似的物种放在一起来展示它们的亲缘关系较近，然而，没有现代方法论的判断，属的界限是非常主观的。因为作者们的不同意见，在分类学文献中涌现了许多属名，非常混乱。

乔治·罗伯特·格雷在伦敦的大英博物馆鸟类学部担任负责人长达 41 年。他对鸟类学文献的最重要贡献是发表了一系列鸟类的属的文章，这些文章试图将这个分类阶元的命名标准化。他最开始在 1840 年发表了《鸟类属的名录》，然后在 1844—1849 年出版了三卷本《鸟

类的属：有关的属的信息，包括一般特征、每个属的习性信息、物种名录》。这本对开本的著作包括 46000 篇参考文献，是 19 世纪鸟类学研究中一部不可或缺的文献资源，也是这位博物馆工作人员举世瞩目的代表作。这本书手工上色的石版插图是由大卫·威廉·米歇尔和约瑟夫·沃尔夫所作。

在格雷完成他最后一部著作后，他有了将大英博物馆的所有鸟类按照他的命名方式来重新标签的想法。于是他开始将标本的原始标签取出，然后剪断，丢弃原始标签。但是博物馆馆长认为原始标签是鸟类标本数据的组成部分，丢掉它们是对以前准备这些标签的博物馆馆员工作的亵渎。幸运的是，大英博物馆的鸟类标本"逃过一劫"，因为格雷仅更改了 1 个属的标签后就去世了。

栗　鸭

菲利普·弗兰兹·冯·西博尔德于 1796 年出生于德国，在维尔茨堡大学攻读医学专业。由于可以四处旅行，西博尔德参加了荷兰军队，成为一名军医，被派往荷属东印度的巴达维亚，也就是现在的印度尼西亚的雅加达。到达爪哇岛后，他所结识的总督和植物园的负责人发现他对博物学感兴趣后，决定派他驻扎日本。那个时候，荷兰在日本有一个小型贸易所，位于长崎旁边一个叫出岛的人工岛屿，西博尔德在 1823 年 8 月作为医生和博物学家接手该贸易所。西博尔德的医术正是日本人所需要的，因此他获得离开出岛进入日本内地的许可，这在当时是前所未有的，因为在封闭的锁国政策下日本是不对外国人开放的。

他在长崎附近建立了家庭，因为当时日本人与外国人通婚是被禁止的，所以他和他的日本女友楠本多喜（Kusumoto Taki）只是同居，他们有一个女儿。在旅居日本期间，他建立起一个动植物标本采集者的巨大关系网络，这些人给他带来了标本，然后他将标本带回爪哇，最终带回荷兰。众所周知，西博尔德将日本的茶走私出来，因此让荷兰人在爪哇建立了他们自己的茶叶种植园。

西博尔德于 1826 年来到江户，也就是现在的东京，拜访了世袭的军事统治者幕府。他在行程中偶然得到了日本的详细地图，这种行为在当时是被严令禁止的。由于他私藏的这些地图被日本人发现了，他因此被指控为沙皇俄国的间谍。经过长时间调查后，他被驱逐出境。1830

物种分布范围
繁殖于日本和韩国，越冬于菲律宾和印度尼西亚

书名
Fauna japonica...
(The fauna of Japan...)
《日本动物区系》

版本
Lugduni Batavorum [Leiden]:
Apud auctorem, 1833–1850

作者
菲利普·弗兰兹·冯·西博尔德（Philipp Franz von Siebold, 1796—1866），赫尔曼·斯莱格尔（Hermann Schlegel, 1804—1884）和康纳德·雅各布·特明克（Coenraad Jacob Temminck, 1778—1858）

插画师
约瑟夫·沃尔夫（Joseph Wolf, 1820—1899）

（右图）这幅插图描绘了一只成鸟（前）和幼鸟（后）。其特定的名字是来源于描述"夜晚的鹭"的日文 *"goi sagi"*。

年他带着他收藏的标本回到荷兰，并和时任莱顿自然博物馆负责人的康纳德·特明克的助手赫尔曼·斯莱格尔成为朋友。

西博尔德提议出版《日本动物区系》，它将以一系列日本脊椎动物专著的形式展现，其中大部分内容基于他的采集。第一卷于 1833 年出版，由斯莱格尔撰写，内容是两栖爬行类。但是一直到 10 年以后，涉及鸟类的第四卷才得以出版。这一卷描述了许多日本的新物种，在那时是欧洲以外动物区系中最为完整的描述。西博尔德采集的新物种之一是栗鸦，这种鸟类由特明克在《日本动物区系：彩版》中描述（见 126 页）。顾名思义，栗鸦（Japanese Night Heron）是夜行动物，它生活在茂密的森林中，人们时常可以听到它们低沉的、似猫头鹰般的声音。这种鸟类现在是一个濒危物种，其种群数量估计少于 2000 只。

托哥巨嘴鸟和点嘴小巨嘴鸟

托哥巨嘴鸟物种分布范围
南美东北部和中部

点嘴小巨嘴鸟物种分布范围
巴西东南部

书名
Ornithologie brésilienne, ou Histoire des oiseaux du Brésil, remarquables par leur plumage, leur chant, ou leurs habitudes
(*Brazilian ornithology, or The history of Brazilian birds, remarkable for their plumage, their song, or their habits*)
《巴西鸟类学》或《巴西鸟类史，及其引人注目的羽毛、鸣声和习性》

版本
Rio de Janeiro: T. Reeves; [Londres: Impr. de J. Masters et cie., 1852]

作者和插画师
吉恩-西奥多·德斯科蒂兹
（Jean-Théodore Descourtilz, 1796—1855）

法国鸟类学家吉恩-西奥多·德斯科蒂兹的生平鲜为人知。人们所知道的是在 1851—1855 年，他曾生活在巴西东南部。他也可能早在 1826 年就已经到达这里。他的父亲迈克尔·埃蒂安·德斯科蒂兹（Michel Etienne Descourtilz）也是一名旅行家和博物学家，他制作了关于西印度群岛的药用植物的植物学专著，为此吉恩-西奥多在 1821 年还到过海地，为父亲的著作制作了插图。1851 年，年轻的德斯科蒂兹被欧洲政府聘请考察圣埃斯皮里图州动物和矿藏，后来他被聘为里约热内卢的国家博物馆的客座博物学家。他在 1855 年突然去世，因制作鸟类标本时砒霜中毒而死。

德斯科蒂兹被称为是细致的野外观察者，他将旅行中遇到的鸟类的习性、鸣声和食性都做了详细的记录。这些记录和他的艺术作品为巴西鸟类学的许多著作的出版工作作出了主要的贡献。在《非凡和鲜艳的巴西鸟类：在其取食的植物旁边》（*Remarkable and brilliant birds of Brazil: placed near the plants which feed them*）中，他绘制了食果鸟类及它们取食的植物，也反映出他对植物学的兴趣。据说他在开展野外观察时十分执着，他曾经亲自尝试过鸟类喜欢吃的浆果，而有些植物的浆果对人是有毒的，害得他因此得病。

他最著名的作品是《巴西鸟类学》，这本著作绘制了 164 种巴西鸟类，包括 15 种新物种和 1 个新属。虽然其标题页显示是在里约热内卢出版，但是这对开本图版于 1852—1856 年分为 4 部分发行，由

（左图）托哥巨嘴鸟（上）是该科鸟类中最大的物种。它的分布范围和巴西东南部的点嘴小巨嘴鸟（下左：雌性；下右：雄性）有重叠。

印刷商华德路和桑斯（Waterlow & Sons）在伦敦印制。这部具有很高声誉著作的高超之处是：它可能是采用彩色平版印刷新技术的第一部鸟类学插图。和标准的手工上色平版印刷技术不同，这一新技术是用不同的石版（见160页）印上各种颜色。一些最吸引人的图版是把各种巨嘴鸟以实际大小排列在一起，似乎为了表现它们之间的种间关系。德斯科蒂兹将大巨嘴鸟和点嘴小巨嘴鸟绘制在一起，显示出他对这些鸟类的习性十分了解，因为这些鸟类会在同一棵树上取食。

矛 隼

猎鹰让我们想起远古时期的人们。比如，荷鲁斯（Horus）是古埃及最古老也是最重要的神之一，他被描绘成是一只鹰或一名猎鹰者。荷鲁斯的插图展示的面部标记非常准确，虽然是表现为游隼或者地中海隼的风格，但是这些物种显然是埃及人所熟知的。埃及的墓葬经常会有木乃伊隼类。

　　用猎物训练鸟类（隼或者也叫鹰）来狩猎的活动，至少可以追溯到公元前 200 年。这种活动被认为是起源于美索不达米亚或蒙古和中国，可能是大约公元前 370 年随着匈奴的入侵而传入欧洲的。神圣罗马皇帝霍亨斯陶芬的弗雷德里克二世（Frederick Ⅱ）在 1228 年的第六次十字军东征时到达了中东，在这里他获得了猎鹰的第一手知识，得到了以阿拉伯猎鹰者莫阿姆耶（Moamyn）以猎鹰为主题的论文。

　　这一卷于 1241 年翻译成拉丁文，后来弗雷德里克二世自己将其广泛重新撰写成一个手写装饰手稿《狩猎鸟类艺术》（*De arte venandi cum avibus*），英文书名为 *On the art of hunting with birds*。虽然是写猎鹰的书，但是书中还包括了基于皇帝自己观察的许多鸟类学的信息，这部著作对文艺复兴时代的作家有很大的影响。

　　关于猎鹰的最好的书籍，或许是由荷兰国家自然博物馆的赫尔曼·施莱格尔和专业的猎鹰者维斯特·冯·伍沃霍斯特出版的《猎鹰论文》。这部在 1844—1853 年出版的大开本的著作的插图由约瑟夫·沃尔夫绘制，他以实际尺寸手工上色的石版描绘了用于猎鹰活动的典型

物种分布范围
北美和欧亚大陆的北极地区

书名
Traité de fauconnerie
(Treatise of falconry)
《猎鹰论文》

版本
Leiden: Chez Arnz, 1844–1853

作者
赫尔曼·施莱格尔（Hermann Schlegel, 1804—1884）
亚伯拉罕·亨德里克·维斯特·冯·伍沃霍斯特（Abraham Hendrik Verster van Wulverhorst, 1796—1882）

插画师
约瑟夫·沃尔夫（Joseph Wolf, 1820—1899）

1. 停在猎鹰者手套上，戴着"荷兰兜帽"的矛隼是这个属最大的物种。这种来自格陵兰岛的白色鸟类最受猎鹰者追捧。

1.

物种。沃尔夫也许是 19 世纪最优秀的野生动物艺术家。这部著作仅印刷了 100 本，现存已知的不超过 50 本，幸运的是，美国自然博物馆收藏了一本。

2.

2. 猎鹰者的装备包括拴鸟的脚带、皮带、转环（图 1 中可见）、使鸟类镇静的帽子、猎鹰者的袋子（中左和中右）以及用各自翅膀做的训练诱饵（中上）。

白领翡翠

物种分布范围
沙特阿拉伯、印度、东南亚和
太平洋的岛屿

书名
Mammalogy and ornithology
《兽类学和鸟类学》

版本
Philadelphia: J. B. Lippincott,
1858

作者
约翰·卡森（John Cassin, 1813—
1869）

插画师
提香·拉姆齐·皮尔（Titian
Ramsay Peale, 1799—1885）

在 18 和 19 世纪，欧洲强大的海军力量支持了大量的对世界上各个角落的博物考察之旅。这些考察试图发现新的航线、绘制新大陆地图、寻求商机、进行天文观测和做博物学笔记。刚刚建立的美国也不甘落后于欧洲，发起了野心勃勃的著名太平洋考察的远征（South Seas Exploring Expedition），缩写是"Ex. Ex."。1838 年 4 月 18 日，在查尔斯·威尔克斯船长（Captain Charles Wilkes，1798—1877）的指挥下，6 艘船组成的舰队离开停在弗吉尼亚汉普顿路的海军，绕过好望角到太平洋。"Ex. Ex."计划中的舰队在太平洋漂泊了多年，在 1842 年通过马尼拉、新加坡和开普敦回到纽约之前，到达了南极、北美和南美的西海岸、塔西提岛、斐济岛、澳大利亚、新西兰和夏威夷岛。这是最后一次真正意义上的环球旅行。

提香·拉姆齐·皮尔是在"Ex. Ex."计划里一起旅行的 9 位科学家和艺术家之一，他是美国最早的自然博物馆费城博物馆的创立者、著名画家查尔斯·威尔逊·皮尔的儿子。年轻的皮尔在博物馆长大，他学习了博物学家在科学考察中可能需要全部技能——他是一个射击者、专业的动物剥制标本制作员和熟练的绘图员。他返回华盛顿后，开始了考察关键的第二阶段，检查标本并撰写科学报告。皮尔的工作领域是鸟类和兽类，工作成果《兽类学和鸟类学》于 1848 年出版，该作品包含了 109 种新鸟类物种的描述。其中有一只来自斐济岛的翠鸟被命名为 *Todiramphus vitiensis*（下页图），现在被认为是变异很大且分

布很广的白领翡翠（*Todiramphus chloris*）的 50 个亚种之一。

皮尔在报告中描述的 109 种新物种中，只有不超过三分之一的最后被证明是真正的新种。沃尔克斯船长知道后不是很高兴，因为他认为这项工作有问题，于是他抵制皮尔著作的出版，并且让著名鸟类学家约翰·卡森在 10 年后重新出版了《兽类学和鸟类学》，这部对开本图谱的石印图版大部分都是基于皮尔的绘画。在该书的前言中，卡森称赞了石版画家、费城的拉维妮娅·鲍文（Lavinia Bowen），几乎在最后才提起皮尔，他不情愿地写道："许多绘画都是由皮尔先生所绘制。"显然，卡森对皮尔没有好感。

赤叉尾蜂鸟

说到 19 世纪鸟类艺术的历史，我们需要反复提到约翰·古尔德（见 114 页）的作品，他几乎和那个时代所有著名的鸟类学家有交集或合作过，创作出世界上最令人惊叹、最华丽的带插图的鸟类书籍。可是他的才华并不体现在作为艺术家上，而是体现在作为项目管理者、艺术负责人、商人和标本采集者上。虽然他是一个高产的出版人，创作了许多带插图的对开本，但其中最让他被人记住的是《蜂鸟科鸟类专著》。

古尔德在他的整个职业生涯中对蜂鸟保持了浓厚的兴趣，积累了大量的私人标本。在他去世时，他收集了 1500 件装框和 3800 件未装框的蜂鸟标本，共计 320 种。他命名了蜂鸟科超过 100 个种和亚种，甚至命名了许多属。他的这部蜂鸟专著是他收集生涯中的巅峰之作。像往常一样，古尔德并没有自己完成石印图版，而是指导艺术家亨利·康斯坦丁·里克特和威廉·马修·哈特完成。他为他们购买用于制作模型的标本，有时甚至为他们从经销商处强行借取皮张，但他并不打算购买这些皮张。这一系列作品最终于 1849—1861 年出版，共有 5 卷包括 360 幅图。他去世后，由他的朋友理查德·鲍德勒尔·夏普（Richard Bowdler Sharpe）（见 170 页）在 1880—1887 年出版了一份补遗，将图版增加至 418 幅。图版的手工上色以其羽毛上的彩虹色而著称，是用金色叶子、透明的油颜色、清漆和阿拉伯树胶调出来的。这种技术的优点之一是在纸的背面还能看到雄性赤叉尾蜂鸟那闪烁着

物种分布范围
南美洲北部

书名
A monograph of the Trochilidae, or family of humming-birds
《蜂鸟科鸟类专著》

版本
London: Published by the author, 1861（originally published in 25 parts, 1849−1861）

作者
约翰·古尔德（John Gould, 1804—1881）

插画师
亨利·康斯坦丁·里克特（Henry Constantine Richter, 1821—1902）
威廉·马修·哈特（William Matthew Hart, 1830—1908）

（右图）赤叉尾蜂鸟取食距地面约 46 米的热带雨林中顶冠层的花，因此非常难观察。图中所绘制的蜂鸟和植物的组合可以说完全是作者想象的。

150

金属光泽的颈部或者喉部斑点，虽然这种鸟的体重还不到半盎司（约14克），却是已知体型第二大的蜂鸟。

因为蜂鸟体型小，画在对开本图版上显得比较单薄，为此古尔德的插画师加上了丰富的植物背景，可能是为了视觉效果好而不是因为蜂鸟实际上是食蜜鸟类。有些讽刺的是，古尔德在他开始准备他的专著时，从来没有见过活的蜂鸟，因为蜂鸟科鸟类只生活在新大陆。直到 1857 年，他来到费城，最终观察到了红玉喉蜂鸟（*Archilochus colubris*）。他后来写道蜂鸟昆虫式的飞行方式完全和他预期的俯冲飞行相反，因此在他的图版中所描绘的飞行姿势是不真实的。

帆羽极乐鸟

物种分布范围
印度尼西亚摩鹿加群岛

书名
*The Malay Archipelago: the land
of the orang-utan and the bird
of paradise: a narrative of travel,
with studies of man and nature*
《马来群岛：猩猩和天堂鸟的家
园（游记和人类与自然的研究）》

版本
2nd ed. London: Macmillan,
1869

作者
阿尔弗雷德·拉塞尔·华莱士
（Alfred Russel Wallace, 1823—
1913）

插画师
约翰·杰拉德·科尔曼斯（John
Gerrard Keulemans, 1842—
1912）等

阿尔弗雷德·拉塞尔·华莱士最著名的是他与查尔斯·达尔文各自独立提出了进化的理论。在达尔文 1859 年出版开创性的《物种起源》前，华莱士和他在 1858 年联合发表了一篇关于进化的论文。华莱士于 1823 年出生于威尔士边境的小城阿斯克附近。他的童年生活颠沛流离，跟随他的家庭搬到一个又一个小镇。在他 21 岁时，他遇到了 19 岁的昆虫学家亨利·贝茨（Henry Bates），他们成了很好的朋友。他们一起设想了一个到巴西冒险的旅行计划，在这些地方采集昆虫和其他动物标本然后卖给英国的标本收集者。1848 年他们乘坐 "米斯切夫号"（Mischief）离开，开始了为期 4 年沿着南美洲亚马孙和里奥内格罗地区的考察与采集活动。在 1852 年 7 月 12 日，华莱士带着他珍贵的标本，乘坐 "海伦号"（Helen）双桅方帆船去往英国。但是 28 天以后一场意外发生了：船上的货物起火了，乘客和工作人员被迫放弃大船而乘坐救生船，华莱士弃船时仅带走了少量的笔记。

面对不幸的遭遇，华莱士顽强地决定开始其他采集考察活动。这一次是去马来群岛，即现在马来西亚和印度尼西亚的一部分。1854 年，31 岁的华莱士坐船前往新加坡，开始了为期 8 年流浪的旅程，到了一些鲜为人知的小巽他群岛、婆罗洲、摩鹿加群岛和新几内亚。不像达尔文那样有皇家海军的支持，华莱士大多都是独自乘坐小舟，在暗藏危险的海洋中和热带疾病的威胁下进行冒险。

在重返英国 6 年后，华莱士撰写了一本很受欢迎的旅游报告：

《马来群岛》，这是 19 世纪最受欢迎的游记之一。也许更重要的是他在 1876 年发表了《动物的地理分布》（ *The Geographical Distribution of Animals* ），这是生物地理学的里程碑文献之一，尤其是华莱士提出的在巴厘岛和龙目岛之间，向北至苏拉威西西部和菲律宾东部有一条虚拟的地理分界线，似乎是亚洲一些物种比如啄木鸟和野猫等分布的分界线。这条分界线就是今天所说的华莱士线，其向东的区域远至新几内亚和澳大利亚，被生物地理学家称为华莱士区。华莱士在马来群岛采集了大约 1000 种鸟类的超过 8000 件鸟类标本。在摩鹿加群岛的巴漳岛，他发现了一种未知的天堂鸟，最后被格雷命名为 Wallace's Standardwing，即帆羽极乐鸟（ *Semioptera wallacii* ），以纪念华莱士的贡献。

大极乐鸟

自从文艺复兴后期，极乐鸟（bird of paradise，又被译作天堂鸟）为世人所知后，鸟类学家就为它们那漂亮和奇特的外表所着迷。人们普遍认为，第一只极乐鸟的标本是由 1522 年麦哲伦历史性的环球航行中幸存下的船员带回欧洲的。根据那次航行中唯一保存下来的日记中的描述，在摩鹿加群岛巴漳岛的苏丹展示了 5 张皮张，作为礼物送给神圣罗马帝国皇帝查理五世（Charles V）。新几内亚和周围岛屿的当地人长期以来采集这个科的许多物种的干皮张用来进行贸易，于是在此工作的葡萄牙和荷兰的探险家迅速将这些标本以及肉豆蔻和丁香送回欧洲。这些拥有奢华羽毛的鸟类备受推崇，引起不少关于它们生活方式的猜测。当地典型的"贸易皮张"是去除了极乐鸟内脏和双脚的。康拉德·格斯纳在 1555 年的《鸟类的自然史》（见 54 页）中绘制了大极乐鸟的皮张，对于如此奇怪的形态，他解释到，"摩鹿加群岛的熊遇到了这种非常漂亮的鸟类，它们从来不会站在地面的任何物体上，因为它们是在天堂出生的"。

丹尼尔·吉罗德·艾略特是他那个时代最杰出的博物学家之一。他是美国自然博物馆的创始人之一，后来被任命为位于芝加哥的菲尔德自然博物馆（Field Museum of Natural History）的馆长。艾略特最著名的可能是有关鸟兽的科级分类论著。探险家们从 16 世纪开始在新几内亚地区开展过多次考察，采集和描述了许多极乐鸟的新种。因此在 1873 年，艾略特能够创作一本关于这个科有很多插图的专著

物种分布范围
阿鲁群岛和新几内亚西南部

书名
A monograph of the Paradiseidae, or birds of paradise
《大极乐鸟专著》

版本
London: Published by the author, 1873

作者
丹尼尔·吉罗德·艾略特
（Daniel Giraud Elliot, 1835—1915）

插画师
约瑟夫·沃尔夫（Joseph Wolf, 1820—1899）
约瑟夫·斯密特（Joseph Smit, 1836—1929）

1. 因为林奈并没有看到过大极乐鸟的完美的标本，他给这个鸟类一个特定的名字——"apoda"，意思是"没有足的"。

1.

《大极乐鸟专著》。这本对开本大小的作品包括了详细的物种名录和37幅壮观的手工上色的石版画，是根据约瑟夫·沃尔夫和约瑟夫·斯密特的水彩画进行绘制的。这本书是献给阿尔弗雷德·拉塞尔·华莱士的，因为在他对马来群岛的考察中（见153页），是第一批描述这些华丽的鸟类在野外的求偶炫耀行为的博物学家之一。在阿鲁群岛，华莱士亲眼观察到当地人是如何采集和保存用于贸易的大极乐鸟皮张的，而且这种情况在第一批欧洲人到达这里后仍然进行了近300年。

2. 这幅来自华莱士《马来群岛游记》的图版展示了阿鲁群岛的当地人正在用钝头的箭射杀大极乐鸟。

2.

平版印刷工艺

芭芭拉·罗兹

———◆❖◆———

平版印刷术由阿罗斯·塞尼菲尔德（Alois Senefelder）在1798年发明，但是由于技术问题在其后的数十年一直未用于插图的印制。然而在1825年左右，因为其操作简单、生产成本相对低廉而很快得到普及。平版印刷意味着其印刷表面是一个平面，而不是像木版那样的凸起和金属雕版的凹陷。塞尼菲尔德称他的这项发明为"化学印刷"或"石块印刷"。和雕版印刷一样，平版印刷的插图是和书中的文本分开印刷的，通常各使用一个专门的印刷机。

平版印刷的基本过程包括在纹理细密的石灰岩块背面用防水墨水书写或绘制插图，然后把图画周围的石头表面用烯酸溶液进行腐蚀，使图像变成轻微的浮雕。塞尼菲尔德首次成功用在石头上直接绘画的墨水是由蜡、肥皂和一种运用广泛的碳素颜料炭黑组成。这个时期典型的印刷墨水是由炭黑和亚麻籽油所组成的。

然后，这些石头就被放到石刻圆筒压力机里进行湿润，石头上没有油性颜料保护的部分就会吸附水分，印刷工人用滚动器为石头涂上油质的墨水。石头上含油的部分能吸附住油墨，而含水的部分则不能，于是图像就被上了色。油性的印刷墨水只用于绘制墨线而并不用来湿润石头表面，这是因为油与水不能相溶，这也是石刻工艺的一个基本原理。最后，用一张十分光滑的纸放到石头上，然后用印刷机的圆筒滚压，图像就被印到纸上去了。

塞尼菲尔德发展了多种技术，其中重要的一项是平版印刷转换技

1. 阿罗斯·塞尼菲尔德在《平版印刷之操作指南》（*L'Art de la lithographie, ou instruction pratique*, Paris: Treuttel et Wurtz, 1819）中首次描绘了平版印刷。

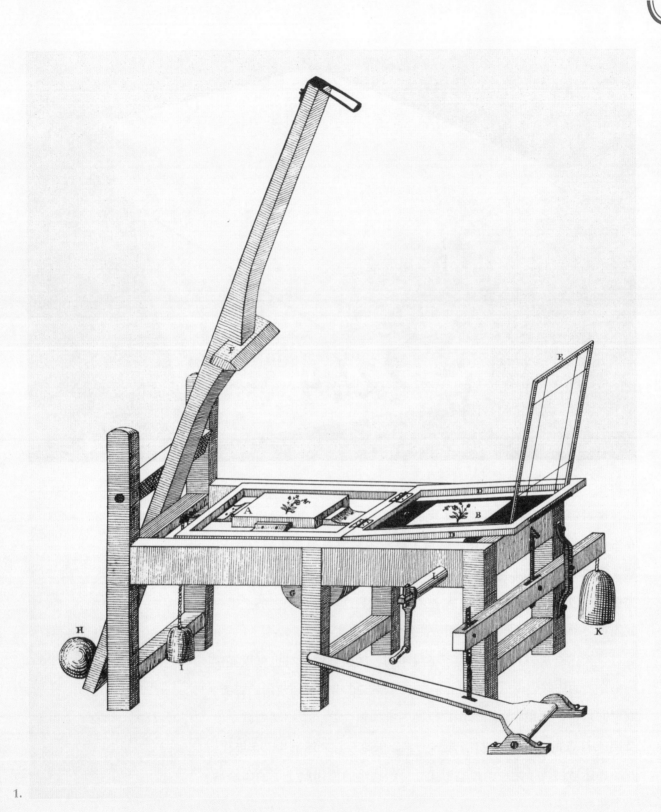

1.

2.

术，这对普及这种工艺起到了很大的作用。塞尼菲尔德发现用石印墨
在纸上创作一幅画是可行的，然后可以将图案完整地转印到石头上。
这就意味着艺术家就不用在石头的模板上直接绘上相反的图案。另外，
描图纸可以用来复制绘画，如果把石印墨用到这个临摹上，那么纸张
就能更简单地转印到印刷的表面，油墨也就可以直接进行转换了。

今天，石灰岩石块仍然用于平版印刷，然而其他材料也可以提供
一个合适的印刷表面，最特别的是在 19 世纪 20 年代早期使用的锌版。
塞尼菲尔德建议用多种工具进行绘画，比如钢尖笔、骆驼绒画笔，以
及用来打点的包含墨水的小管——"音乐笔"。在 18 世纪 90 年代，
石印墨还被做成了便利的蜡笔形式，平版蜡笔的使用赋予了的印刷品
一个独特的外观。

和其他插图工序一样，插图家们希望把他们的作品印刷成彩色。
彩色平版画可以通过多种方式生产。最早的方法原理同木刻和雕刻类

2. 两块不知出处的石块平版，每
块上都标有数字，这个数字表示
了它们在印刷序列中的顺序。这
些石块现在被保存在美国自然博
物馆图书馆的珍本室里。

似，用黑色墨水印刷插图，然后用水彩颜料来上色。爱德华·李尔在《鹦鹉科插图》中就是用的这种方法（见 111 页）。李尔自己在石头上绘制石版画（这是最早将平版印刷工艺运用于博物学著作的作品之一），而这些图像是基于他在伦敦动物学会时对活鸟的写生作品，然后由艺术家进行上色。当然，用彩色墨水印刷石版画插图也是可能的。在埃尔温·安德鲁·卡朋出版《新英格兰鸟卵学》（见 185 页）时，一种被称为彩色序列平版印刷术的复杂彩色印刷技术已经使用了数十年。它包括印刷多块石版或锌版，每块版都用一个颜色上色。印刷的时候从一块版到另一块版，把不同颜色的石版根据它们被使用的顺序排列成一个序列，直到得到预期的印刷效果。照相平版印刷术出现在 19 世纪 60 年代，但是直到 19 世纪 80 年代和 90 年代才开始蓬勃发展。正是这种技术使得仅用四种颜色的墨水——红色、黄色、青色和黑色——印刷多颜色的图像成为可能。

大噪鹛

阿尔芒·大卫神父是罗马天主教会遣使会的传教牧师，他是第一个系统研究和描述中国内陆动植物的西方人。大卫神父于1826年出生在法国西南部伊兹佩勒特的巴斯克村庄，在这里他沉浸在对大自然的兴趣中度过了他的童年。1848年他进入了遣使会，被派到意大利北部的教会学校教科学。1862年他被任命为神父，被送到中国管理"北平"（现在的北京）的法语学校。很快，他开始修建自然标本馆，并致力于博物学研究。因为这是一种赞美神的创造的方式："我热爱自然之美，上帝之手的奇迹将这样一种赞美给予我，因此最好的艺术品与之相比也显得微不足道"。

他于1862—1870年在中国中部和西部旅行，收集标本和记录自然史。大卫能说一口流利的中文，也可以忍受十分艰苦的生活条件，他的工作基本上依靠法国使馆不同系统的广泛支持。然而，严酷的旅行让他尝尽了苦头，而且身体健康问题经常困扰他。他被迫在1870年返回法国养病。1872—1874年在中国的最后一次旅行后，他又一次患上了严重的疾病，于是他再次返回巴黎休养。

后来作为一名修道院院长，大卫用余生撰写了他的旅行报告并描述了他收集的标本，也许他最著名的成就就是命名了大熊猫（*Ailuropoda melanoleuca*）。但是他对中国鸟类学的贡献也巨大：在他寄回法国的1300张皮张共470个物种中，65种是科学上全新的物种。他关于中国鸟类学的巅峰之作是和埃米尔·乌斯塔莱合作撰写、于1877年

物种分布范围
中国西部和印度

书名
Les oiseaux de la Chine (*The birds of China*)
《中国鸟类》

版本
Paris: G. Masson, 1877

作者
阿尔芒·大卫（Armand David, 1826—1900）
埃米尔·乌斯塔莱（Émile Oustalet, 1844—1905）

插画师
玛丽安·阿兹纳夫（Marian Arnoul）

（右图）除了为《中国鸟类》中的124幅平版画手工上色外，玛丽安·阿兹纳夫的生平几乎不为人所知。

发表的两卷本《中国鸟类》。这是关于中国鸟类区系的首次系统性的描述。

噪鹛，比如图 1 中的大噪鹛，是亚洲最具特色的鸟类类群之一，通常会集成吵闹的家庭群体在森林中穿越和游荡。历史上，这些鸟类被认为是形态多样化的鹛科（Timaliidae）鸟类的成员。然而，最新的遗传证据表明广义上的鹛科并不是一个单一的类群，而是由几个亲缘关系较远的类群组合在一起的。因为分类学家常常把系统关系尚不清楚、又不知道是什么类群的鸟类放在鹛科里面，因此这个科也通常被认为是"鸟类分类学的垃圾篓"。

皇霸鹟

物种分布范围
墨西哥西南部到巴西中部

书名
Biologia centrali-americana, or
Contributions to the knowledge
of the fauna and flora of Mexico
and Central America
《中美洲生物学》或《墨西哥
和美洲中部动植物知识》

版本
London: Published for the ed-
itors by R. H. Porter, 1879–
1915

编辑
奥斯波特·绅菱（Osbert
Salvin，1835—1898）
弗雷德里克·杜康·戈德曼
（Frederick DuCane Godman,
1834—1919）

插画师
约翰·杰拉德·科尔曼斯
（John Gerrard Keulemans,
1842—1912）

《中美洲生物学》系列是一部 63 卷的巨著，覆盖了从墨西哥北部到巴拿马海峡博物学的各个方面。该书的编辑是大英博物馆的博物学家奥斯波特·绅菱和弗雷德里克·杜康·戈德曼。他们在那个时代的博物学家里是不寻常的，因为他们花费大量的时间进行野外采集和研究他们的课题，而不是依赖于专业采集者寄回博物馆的标本。这套巨著的出版过程超过 36 年，以私人形式出版，通过订阅进行购买，因此全套是比较罕见的。《中美洲生物学》中影响最为深远的部分是以新热带植物和动物的研究为基础的，因为这些部分包含了在其出版时这个区域生物多样性的全面综述。其中关于鸟纲（鸟类）的四卷是由绅菱和戈德曼所撰写，包含了一些新描述物种的首次叙述。得益于作者们及其通讯者们丰富的野外经验，这些描述不仅仅是枯燥的分类处理，而是还包含了关于现实中鸟类的有关信息。

下页图中的主体是皇霸鹟的北方亚种，这是一种广泛的栖居于墨西哥南部到南美北部的潮湿的低地森林中的鸟类。其分类问题一直饱受争议，像绅菱和戈德曼一样，一些现代的权威也将其作为一个独立的物种看待，即北皇霸鹟（Northern Royal Flycatcher）。在《中美洲生物学》中发表的第一手种类描述中，美国鸟类学家查尔斯·纳丁（Charles Nutting）生动地写到："（我）第一次拿到这只鸟，看到它奇妙而美丽的扇形凤头，心中充满了无限的惊讶和赞赏"。

鸟类卷中的 84 幅平版版画是由约翰·杰拉德·科尔曼斯所作，他

（左图）皇霸鹟特定的种名"cor-onatus"是指它的皇冠式的凤头，在这幅插图中十分醒目地展示了出来，但是野外确实极少能见到这种情景。

可能是19世纪后期鸟类学界最高产的插画师。他的大量作品在当时重要的专著中占了很大的比例，包括超过2500幅在书中的插画，在期刊上发表的插图也很多。单个大型鸟类和成对的小鸟一起出现在一个版面内是典型的科尔曼斯风格。有时候，像左图所示，一对鸟的其中一只是以飞行姿态展示出来的，或者是展开翅膀，以更好地展示那些经常被隐藏的羽毛细节。尽管科尔曼斯的工作几乎完全取自博物馆的皮张标本，没有实地观察这些物种自然状态下的状态，但他绘制的鸟类却出乎意料地栩栩如生。

蓝翅叶鹎

《大英博物馆的鸟类目录》包含 27 卷，在 1874—1898 年发表。这是鸟类学巨著中有史以来最"雄心勃勃"的作品之一。这是因为它的目标不仅仅是记录大英博物馆馆藏的海量鸟类，而是记录所有已知鸟类的信息。开始这一艰巨挑战的是大英博物馆鸟类的助理管理员理查德·鲍德勒尔·夏普。

夏普出生于 1847 年的伦敦，他从孩提时代开始就对鸟类十分着迷。在 15 岁时他被迫离开学校，被送去给一个出版商做学徒，但是他在 1886 年离开，为伦敦市中心一家著名的图书贸易商工作。夏普在业余时间拜访了大英博物馆的鸟类馆，在这里年仅 18 岁的夏普开始构思一本翠鸟的专著。他拜访博物馆，这样他能接触到当时英国知名的鸟类学家。这些人中就有伦敦动物学学会的秘书菲利普·斯克莱特（Philip Sclater），他很赏识年轻的夏普的才能，聘请他担任图书管理员。因为学会有夏普所需要的所有参考书籍，这样他的翠鸟出版计划有了实质性的进展。但是为了检视一些大英博物馆没有物种的标本，他拜访了位于莱顿的自然博物馆。在这里他遇到了荷兰天才鸟类艺术家约翰·杰拉德·科尔曼斯（见 167 页），于是他聘请科尔曼斯为他的翠鸟专著制作平版版画，该书在 1871 出版。从这个角度上来说，这两个男人的职业生涯开始交织在一起。

夏普的职业生涯在 1872 年发生了意想不到的转折，因为掌管大英博物馆鸟类标本馆超过 40 年的乔治·罗伯特·格雷去世了，而年仅 24

物种分布范围
印度，从东南亚到大巽他群岛

书名
Catalogue of the birds in the British Museum
《大英博物馆的鸟类目录》

版本
London: Printed by order of the Trustees, 1874–1898

作者
理查德·鲍德勒尔·夏普
（Richard Bowdler Sharpe, 1847—1909）

插画师
约翰·杰拉德·科尔曼斯
（John Gerrard Keulemans, 1842—1912）

（右图）科尔曼斯的版画展示了现在被认为是蓝翅叶鹎婆罗洲亚种（*Chloropsis cochinchinensis viridinucha*）的雄鸟（右）和雌鸟（左）。

岁的夏普则被任命接替格雷的工作。在夏普的努力下，博物馆的馆藏急剧增加，在1874年，他开始了他的伟大的巨著《大英博物馆的鸟类目录》的编写，其中涵盖所有已知鸟类的精确描述、详细的分布和分类学文献的引用。在这部著作，以及这部著作的后继者《鸟类属和种的手册和名录》（A hand-list of the genera and species of birds）完成时，夏普认识的鸟类物种的种数为18 937个。然而，根据现代世界鸟类分类系统的名录，鸟类物种的种数大约为10 000个。在20世纪，亚种的概念曾一度十分流行，许多夏普定为物种的鸟类经过研究后"降到"亚种水平，被定为一个三名法的名字（属名—种名—亚种名）。例如，右图的这种鸟类最开始被夏普命名成一个婆罗洲特有的叶鹎物种（Chloropsis viridinucha），但是后来被"合并"成广布种蓝翅叶鹎的一个亚种。作为分类学的开创性工作，《大英博物馆的鸟类目录》的插图绘制也十分精良。大部分平版版画都是由科尔曼斯所作，他后来成为那个时代卓越的鸟类艺术家。

弯嘴鹲雀

物种分布范围
阿根廷、玻利维亚、巴西、巴
拉圭和乌拉圭

书名
Argentine ornithology: a descriptive catalogue of the birds of the Argentine Republic
《阿根廷鸟类学：阿根廷共和国鸟类的描述目录》

版本
London: R.H. Porter, 1888—1889

作者
菲利普·勒特利·斯克莱特
(Philip Lutley Sclater, 1829—1913)
威廉·亨利·哈德逊 (William Henry Hudson, 1842—1922)

插画师
约翰·杰拉德·柯尔曼 (John Gerrard Keulemans, 1842—1912)

威廉·亨利·哈德逊在阿根廷更为人所熟悉的名字是圭勒莫·恩里克·哈德逊 (Guillermo Enrique Hudson)。他于1841年出生在阿根廷布宜诺斯艾利斯南部的小镇基尔附近。他的父母是英裔美洲定居者，在潘帕斯草原上经营一个大农场。年轻的威廉在草原上度过了青春时期，他和当地的加马乔人一起在平原上游荡，认识了大量的野生动物。阿根廷边境的生活条件很差，威廉在青少年时患了严重的疾病，这让他的身体十分虚弱，他的医生认为他活不了多久了。尽管有这样可怕的预测，他还是决定通过采集鸟类标本来谋生。1865年，他和斯宾塞·富勒顿·贝尔德 (Spencer Fullerton Baird) 建立了联系，贝尔德鼓励哈德逊将采集的标本寄到华盛顿特区的史密森学会。他花费数年骑马在拉普拉塔河区域旅行，后来又来到巴塔哥尼亚，在那里采集标本、记录鸟类的生态和行为。贝尔德将其中一些标本寄给英国鸟类学家菲利普·勒特利·斯克莱特，哈德逊和斯克莱特开始建立起有关阿根廷鸟类种类的分布和栖息环境的通信联系。

1874年，哈德逊回到他先辈的家乡，在英国伦敦定居下来，在这里开始了他高产的科学写作生涯。他得到来自英国皇家学会40英镑的资助，用来出版他关于阿根廷鸟类的观察报告。这个项目就是和斯克莱特共同撰写的两卷本《阿根廷鸟类学》，斯克莱特为哈德逊丰富和生动的描述提供了必要的科学补充。这部首次对该区域鸟类进行描述的权威著作包含了由约翰·杰拉德·科尔曼斯所作的20幅手工上色的平

$\dfrac{3}{4}$

版画，仅印刷了 200 本。

仅分布于新热带地区的 50 种左右的鸸雀在外形上比较相似，大体都有棕色或红棕色羽毛，有时带有暗淡的点、斑块或条纹。绘图展示正在攀爬的弯嘴鸸雀拥有大而弯曲的喙，它是弯嘴鸸雀属（*Drymornis*）唯一的种类，属于非常奇特的砍林鸟亚科（Dendrocolaptinae）。它们仅分布于南美洲南部的热带干旱森林中，是半地栖习性的砍林鸟中十分独特的种类。

除了科学著作，哈德逊还发表了有关阿根廷鸟类的小说、其他文章以及科普报道，成为那个时期最著名的英国自然作家。哈德森的晚年致力于鸟类保护。他热情地写信给伦敦的《时代周刊》，告诉读者们鸟羽贸易的事实：大量的野生鸟类被杀害，仅仅为了装饰女性的服饰。此外他还反对笼养鸟类的贸易。在他 1922 年去世时，英国皇家鸟类保护学会（RSPB）特地给他立了一块墓碑，墓志铭写道："他喜欢鸟类、喜欢绿地和荒野中的风，他看到了天神裙角透出的光明。"哈德逊也是 RSPB 的创始成员之一。

冠旋蜜雀

沃尔特·罗斯柴尔德勋爵是维多利亚时期的一位很有见地的博物学家。他是罗斯柴尔德银行王朝的子孙，他用家族的财富建立了有史以来最大的私人鸟类标本馆。罗斯柴尔德家族是英国最杰出的犹太家族，沃尔特的父亲内森·罗斯柴尔德勋爵（Lord Nathan Rothschild）是英国第一位犹太贵族。沃尔特自己则担任英国议会的议员，是一位活跃的犹太复国主义者，主张在巴勒斯坦建立犹太人的家园。1917 年他收到《贝尔福宣言》，这是一份来自英国外交大臣的声明，表示英国政府支持犹太人在巴勒斯坦建立国家，即现在的以色列。

罗斯柴尔德巨大的鸟类标本馆的藏品数量最终达到 280 000 件，这些标本都被安置在位于英国特灵（Tring）家族庄园的私人博物馆里。罗斯柴尔德构建了一个世界范围的网络，聘请超过 400 位专业的标本采集师、探险家和博物学家在偏远和人们知之甚少的地区为他采集标本。他对岛屿的鸟类区系尤其感兴趣，在这些地方常常有许多未被描述的特有种或因为人类活动而濒临灭绝的物种。

罗斯柴尔德对夏威夷群岛尤其感兴趣。人们对这个岛屿的认知从詹姆斯·库克船长（Captain James Cook，1728—1779）于 1778 年登陆考艾岛（Kauai）开始，这是他的第三次航海之旅。库克将群岛命名为桑德维奇群岛（Sandwich Islands），以纪念第一任海军大臣桑德维奇伯爵（Earl of Sandwich）。然而，真正的鸟类学考察在考艾岛被命名的一个世纪以后才展开。1887 年，剑桥大学动物学教授阿尔

物种分布范围
夏威夷毛伊岛

书名
The avifauna of Laysan and the neighbouring islands: with a complete history to date of the birds of Hawaiian possessions
《莱桑及其邻近岛屿的鸟类：夏威夷鸟类从古至今的完整历史》

版本
London: R. H. Porter, 1893－1900

作者
莱昂内尔·沃尔特·罗斯柴尔德（Lionel Walter Rothschild, 1868—1973）

插画师
约翰·杰拉德·科尔曼斯（John Gerrard Keulemans, 1842—1912）
弗雷德里克·威廉·弗洛霍克（Frederick William Frohawk, 1861—1946）

1. 冠旋蜜雀或夏威夷语的 Akohekohe，是一种仅分布在夏威夷毛伊岛的极度濒危物种。它的属名是由沃尔特·罗斯柴尔德勋爵为了纪念亨利·C. 帕默所命名的。

菲尔德·牛顿（Alfred Newton）派斯科特·巴查德·威尔逊（Scott Barchard Wilson）对这些岛屿进行采集考察，结果描述了许多新物种。这些发现让罗斯柴尔德十分兴奋，然后他在剑桥于 1890 年成为牛顿的学生，当他还是个年仅 22 岁的本科生时，罗斯柴尔德与亨利·C. 帕默达成协议，派遣后者远赴夏威夷群岛。在这里，经过近 3 年的考察，帕默和他的助手们在 8 个主要岛屿和边远小岛以及环礁岛上进行了标本采集。在帕默寄回特灵的 1832 件皮张中，罗斯柴尔德可以描述 13 个新物种和 4 个新亚种。不幸的是，其中 10 个物种由于引入捕食者、外来疾病和当地森林毁坏所而带来的巨变而迅速灭绝。在某些情况下，帕默所收集的标本是这些物种曾经存在过的唯一实证。有 3 个物种的命名是为纪念帕默的：大管䴉（*Rhodacanthis palmeri*，见图 6）、雷仙岛秧鸡（*Porzana palmeri*）和小考岛鸫（*Phaeornis palmeri*）。罗斯柴尔德甚至为冠旋蜜雀（见图 1）命名了一个新属——冠旋蜜雀属（*Palmeria*）。

家境殷实又雄心勃勃的罗斯柴尔德并不满足于简单地命名新的类群，他开始计划一部伟大的著作。这部著作记录了所有有关夏威夷群岛鸟类的知识。1893—1900 年，《莱桑及其邻近岛屿的鸟类：夏威夷鸟类从古至今的完整历史》分 3 部分以 32 寸四开本大小出版。书中华丽的手工上色的平版版画大部分是由约翰·杰拉德·科尔曼斯（见 168 页）所作。

帕默的夏威夷标本的故事在特灵并没有结束。1932 年，在罗斯柴尔德的前情妇及其贵族丈夫的勒索下，罗斯柴尔德被迫出售了他的鸟类藏品。

罗斯柴尔德是一个身材高大的人，他身高约 1.9 米，体重约 136 千克，但是他饱受语言障碍的困扰，这使得他极度害羞。他没有结过婚，与一个小喜剧明星保持着情人的关系，后者后来与一位贵族结婚。就是这一对夫妇的勒索，使罗斯柴尔德失去了他宝贵的鸟类收集品。我们今天很难想象，一个像罗斯柴尔德一样家财万贯且年过六旬的老人，竟然十分在意年轻时丑闻的曝光。他十分依赖他的母亲，终其一

2. 欧胡吸蜜鸟（*Moho apicalis*）仅有 7 件已知的标本，最后一件采集于 1837 年檀香山后山。它由约翰·古尔德于 1860 年命名，在那时几乎可以确定该物种已经灭绝。

2

1

G Keulemans del.et lith.

Mintern Bros. imp.

MOHO APICALIS, GOULD.
1.♂. 2.♀.

生都住在特灵的家族豪宅里。他还睡在离他母亲卧室仅有一个短楼梯之隔的儿时卧室里。所以当勒索事件发生后，他不惜一切代价使丑闻不被他的母亲知道。最后经过秘密谈判，多亏纽约惠特尼家族的慷慨，美国自然博物馆将这些标本购买了过来，并一直保存到今天。

3-6. 夏威夷旋蜜雀曾经一度被置于管舌雀科（Drepanididae），这是夏威夷群岛所特有的一类鸣禽。最新的分子系统学研究证据表明这些鸟类应属于雀科。然而，它们是一个适应性扩张的经典例子。我们可以推测到一种古老的雀类到达了岛屿，通过物种形成[1]引起令人惊讶的进化，于是我们在旋蜜雀谱系中可以见到拥有各种形态喙的种类。不幸的是，这些鸟类中的许多物种都已经灭绝或濒临灭绝。

3. 大绿雀（*Hemignathus ellisianus stejnegeri*），于 1969 年灭绝。

4. 短嘴导颚雀（*Hemignathus lucidus affinis*），于 1998 年灭绝。

5. 毛岛鹦嘴雀（*Pseudonestor xanthophrys*），极度濒危。

6. 大管鸫（*Rhodacanthis palmeri*），于 1896 年灭绝。

---

1 物种形成：又称种化，是进化的一个过程，指生物分类上的物种诞生。——译者注

HEMIGNATHUS PROCERUS, CAB ♀ AD, ♂ JUV ♀ ♀.

HETERORHYNCHUS AFFINIS, (ROTHSCH) ♂ ♀.

3.

4.

PSEUDONESTOR XANTHOPHRYS, ROTHSCH ♂ ♀ ♀.

TELESPIZA PALMERI, (ROTHSCH)
♂ AD, ♀ AD, ♀ JUV.

5.

6.

所罗门冕鸽

阿尔伯特·S. 米克（Albert S. Meek，1871—1943）是一位专业的标本采集师，他在 20 世纪初为沃尔特·罗斯柴尔德勋爵在太平洋西南部进行采集活动。1903 年 12 月—1904 年 1 月，他的船停泊在所罗门群岛的舒瓦瑟尔岛，在邻近的海岸森林中采集鸟类标本。在这些岛上采集的标本中，最为著名的是 6 件某种地栖性鸽子的标本，它们和新几内亚巨大而具冠羽的冠鸠属鸟类很像。这些鸟类标本的采集仅用了 6 天，从 1 月 5 日到 10 日。在一封 1 月 18 日的信件中，米克激动地写道："我采集到一种大型的地面鸽子，如果是新物种的话将是非常好的事情。它外形像冠鸠，但是只有矮脚鸡的大小。"的确，这是一个新物种，当这些标本被送回到特灵的自然历史博物馆时，罗斯柴尔德将其描述成一个新的属，为纪念米克而命名为 *Microgoura*。

在这个惊人发现的 25 年之后，美国自然博物馆的惠特尼南海考察队回到舒瓦瑟尔岛，希望能找到这种神秘的鸟类。尽管惠特尼考察队的队员们在分别 1927 年和 1929 年两次在此地努力地寻找，他们还是没能找到这种鸟类。米克采集的这 6 件标本是这个物种曾经存在过的唯一证据。导致这种神秘鸟类灭绝的原因可能是传教士带到这些岛上的家猫或者野化了的家猫。虽然这个物种在发行量颇大的杂志《英国鸟类俱乐部通报》上发表，描述这个物种的插图则出现在罗斯柴尔德个人出版的期刊《动物学通讯》中，因为这个杂志允许其有更大的版面展示图片。

物种分布范围
以前的舒瓦瑟尔岛（所罗门群岛）

书名
Novitates zoologicae, vol. XIV
《动物学通讯》（第 14 卷）

版本
Zoological Museum; London: Printed by Hazell, Watson & Viney Ld., 1904

作者
莱昂内尔·沃尔特·罗斯柴尔德（Lionel Walter Rothschild, 1868—1973）

插画师
约翰·杰拉德·科尔曼斯（John Gerrard Keulemans, 1842—1912）

1. 20 世纪最杰出的进化生物学家和南太平洋鸟类专家，前美国自然博物馆馆长恩斯特·迈尔将所罗门冕鸽称为"北美拉尼西亚特有的最壮观的鸟类"。

1.

图 1 的版画是由约翰·杰拉德·科尔曼斯所作的手工上色的平版画。当然，科尔曼斯并没有实地观察这种鸟类，仅仅依靠罗斯柴尔德博物馆里的 6 件皮张标本进行绘制。科尔曼斯绘画作品中的这种鸟类的羽冠十分平坦，而米克记录到的它们的冠羽和那些在新几内亚的冠鸠科的鸟类（见图 2）打开的冠羽比较相似。

2.

2. 来自乔治·罗伯特·格雷的《鸟类的属》一书中的维多利亚冕鸽（*Goura victoria*）展示了它优雅的花边状冠羽。实际上，已灭绝的近缘种冕鸽的冠羽可能看起来也是类似的。

崖海鸦和刀嘴海雀

崖海鸦的物种分布范围
北大西洋和太平洋

刀嘴海雀的物种分布范围
北大西洋

书名
Oölogy of New England: a description of the eggs, nests, and breeding habits of the birds known to breed in New England, with colored illustrations of their eggs.
《新英格兰鸟卵学：新英格兰已知繁殖鸟类的卵、巢和繁殖习性的描述和卵的彩色插图》

版本
Boston: W. B. Clarke Co., 1908

作者
埃尔温·安德鲁·卡朋（Elwin Andrew Capen, 1857—1904）

在双筒望远镜和高放大倍率的相机镜头出现之前，许多业余博物学家通过积累鸟类的皮张标本和鸟卵来满足他们进一步研究鸟类的愿望。相比起采集皮张需要一支猎枪和动物剥制标本技术的技能，"卵的收集"则只需要耐心的观察，当然也经常需要大胆冒险的勇气。一旦找到一个鸟巢（通常需要通过仔细观察成鸟的行为），采集者就能来到巢的附近取走鸟卵。因为鸟类倾向于将它们的巢筑在隐蔽的地方来逃过捕食者，比如树上或悬崖的高处、带刺植物的深处，或密集的沼泽，采集者在接近鸟巢时经常可能遭到鸟类的攻击。而且，许多鸟类的成鸟都表现出强烈的护巢行为，主动攻击入侵者。一旦卵被移出鸟巢，很快就要变质。这时需要用小的钻头在卵的一侧钻一个很小的洞，用一根特殊的吸管将卵中的物质吸出来。

在 19 世纪，鸟卵学——研究鸟类的卵和巢的科学——是鸟类科学公认的分支。无论是业余的还是专业的采集者，都为了解鸟类营巢或筑巢提供了十分重要的信息。认真的鸟卵学家可能经常会采集一个巢中的整窝鸟卵，因为比起仅采集一个鸟卵，这种方式能提供更多的科学信息。然后他们会记录关于巢的完整信息，包括巢的位置，如果可行的话，他们会采集整个鸟巢。

对鸟卵采集的广泛兴趣催生了一些有关这个主题的杂志和书籍，许多都带有彩色的插图，比如埃尔温·安德鲁·卡朋 1886 年在波士顿出版的《新英格兰鸟卵学》中的这些彩图。随着 20 世纪鸟类保护法律

2.

1.崖海鸦的卵（左）和刀嘴海雀的卵（右）显示物种间卵形状的变化。海鸦将单个梨形卵产在狭窄的崖架上。在受到干扰时，这种形状能够使卵旋转而不是翻滚下崖架。而海雀更喜欢把隐蔽度更高的裂缝作为它的筑巢地，卵的形状更偏椭圆。

2.约翰·古尔德的《英国的鸟类》一书中的插图，表现了正在繁殖的崖海鸦。

的制定，尤其是美国 1918 年通过的候鸟条约法令，鸟卵采集被禁止。而现在，观鸟爱好者也很少会关注鸟类的营巢。然而，鸟卵的历史标本采集仍然对科学研究十分有用，尤其是通过鸟卵研究发现农药DDT使鸟卵壳变薄以及影响猛禽和鹈鹕的繁殖成功率。

红腹角雉

20世纪早期，印刷彩色图像的技术已经发展起来。早期的摄影工艺使得图像可以在任何介质上印刷，而且比劳动密集型的平版印刷工艺成本更加低廉。威廉·毕比在1918—1922年出版的四卷本《雉鸡类专著》清楚地展现了这一转变。这部著作包含了许多艺术家的版画，一些以平版画工艺印制，一些以摄影的方式从绘画中复制。亨瑞克·格伦沃尔德在早期的书卷中贡献了平版画，而其他的插画师如路易斯·阿格西兹·福尔提司（见191页）和查尔斯·肯特从未画过平版画。技术可以变革，艺术也可以变革。手工着色的平版工艺耗时费力的过程客观上不允许艺术家有太多的发挥。但有了摄影复制技术之后，艺术家们仅需要绘制一次，就能把他们的主体放进其自然栖息地的背景中。也许最好的例子是在阿奇博尔德·索伯恩的画中，角雉被置于壮丽的喜马拉雅的风光中。

毕比的专著将他的主体置于自然布景中，这也是十分合适的。毕比是一位早期的生态学家和保护主义者，他的工作是致力于保护雉类，这激励他创作了他的专著。他于1887年出生于纽约的布鲁克林，从年轻时期开始就深深着迷于大自然。毕比是博物馆馆长和纽约动物学会的创始人之一亨利·费尔费尔德·奥斯本（Henry Fairfield Osborn）教授家的常客。奥斯本让毕比进入了纽约动物学会，毕比在学会工作了50年以上。

虽然，在20世纪初期，雉类物种在博物馆的标本收藏和鸟类养殖

物种分布范围
东喜马拉雅山脉到中国中部，中印半岛北部

书名
A monograph of the pheasants
《雉鸡类专著》

版本
London: Published under the auspices of the New York Zoological Society by Witherby & Co., 1918-1922

作者
威廉·毕比（William Beebe, 1877—1962）

插画师
亨瑞克·格伦沃尔德（Henrik Grönvold, 1858—1940）、查尔斯·罗伯特·肯特（Charles Robert Knight, 1874—1953）、阿奇博尔德·索伯恩（Archibald Thorburn, 1860—1935）、路易斯·阿格西兹·福尔提司（Louis Agassiz Fuertes, 1874—1927）和亨利·琼斯（Henry Jones, 1838—1921）

1. 红腹角雉（左：公鸡；右：母鸡），分布在喜马拉雅东部山脉的高山森林中，为了纪念康纳德·雅各布·特明克而命名。

中十分受欢迎。然而人们对于雉类在自然栖息地中的生物学确实知之甚少。1909 年，毕比在亚洲开展了 17 个月的自然考察，即"库舍尔-毕比雉类考察"。这次考察是由纽约动物学会富有的赞助者和雉类爱好者安东尼·R. 库舍尔（Anthony R. Kuser）上校资助的。考察队来到了喜马拉雅山脉的偏远地区，以及婆罗洲、爪哇岛和日本，留下了许多稀有雉类在野外的第一笔观察记录。

2.

2. 在求偶炫耀时，雄鸟将其色彩艳丽的肉垂、垂肉和"角"膨胀起来。

褐黑腹鸨

物种分布范围
非洲中部和南部

书名
Album of Abyssinian birds and mammals: from paintings by Louis Agassiz Fuertes
《阿比西尼亚的鸟类和兽类图册：来自路易斯·阿格西兹·福尔提司的画作》

版本
Chicago: Field Museum of Natural History, 1930

作者
威尔弗雷德·哈德森·奥斯古德（Wilfred Hudson Osgood，1875—1947）

插画师
路易斯·阿格西兹·福尔提司（Louis Agassiz Fuertes，1874—1927）

路易斯·阿格西兹·福尔提司认为自己首先是一位鸟类学家，然后才是一位画家。他将自己在这些领域的才华发挥到了极致，创作出一批极富洞见、栩栩如生的鸟类插图。福尔提司是康奈尔大学工程学教授的儿子，他 1874 年出生于纽约伊萨卡。他的名字是为了纪念伟大的哈佛大学博物学家、比较动物学博物馆的创始人路易斯·阿扎西（Louis Agassiz）。他父母发现了年轻的福尔提司在鸟类绘画方面的才华，并着重培养。他早期受奥杜邦的《美国鸟类》的激励，开始根据标本绘制鸟类。随后进入康奈尔大学学习，但他却不是一个很聪明的学生。不过，他的作品得到美国主流鸟类学家之一的艾略特·库伊司的赏识后，他的命运开始转变。在库伊司的帮助下，福尔提司作为画家参加了哈瑞曼·阿拉斯加考察队。经过这次考察后，他作为画家和采集师的愿望就更加强烈。他和美国自然博物馆鸟类馆馆员弗兰克·查普曼密切合作了多年，并参加了牙买加、墨西哥和哥伦比亚的多次考察，为查普曼的许多书籍绘制了插图，而且设计制作了一些博物馆著名的"生境组合"，即立体布景。

1926—1927 年，福尔提司作为艺术家和鸟类剥制标本制作家参加了菲尔德自然博物馆的"芝加哥每日新闻阿比西尼亚考察"，这是他最奇特和最具挑战的旅行。在途中，他的设备遗失，他在阿比西尼亚（今天的埃塞尔比亚）首都亚的斯亚贝巴被迫售卖他的画作。福尔提司和奥杜邦一样，也是把野外射杀的鸟类作为绘画模型，就地在野外进行绘

Lisotis mela

Near Dungulbar-
-Lake Tsana-
Mar 29 1927

（左图）鸨科是由体型中等到大型的陆地鸟类组成的，鸨科的鸟类生活在欧亚大陆、非洲和大洋洲的干燥和开阔区域。该科许多物种的数量因生境丧失和狩猎而严重下降。

画。众所周知，他为了获得标本几乎不择手段。在阿比西尼亚的考察中，他收集和准备了 1000 张以上的皮张，绘制了 108 幅画，比如这幅雄性褐黑腹鸨的野外素描，还记录了采集时间和地点：1927 年 3 月 29 日，在萨那湖（Tsana）的顿古拉尔（Dungulbar）附近。然而悲剧的是，这是他最后一次野外考察。回到美国后不久，福尔提司去纽约的坦纳斯维尔拜访弗兰克·查普曼，向查普曼展示他在这次远征中的绘画。在他回家途中，他驾驶的汽车在铁路的十字路口与火车相撞，福尔提司当场死亡，他的妻子也身受重伤。

芝加哥的菲尔德自然博物馆将福尔提司的水彩野外素描制作成一个作品集——《阿比西尼亚的鸟类和兽类图册》。菲尔德自然博物馆的动物学馆馆长威尔弗雷德·奥斯古德为这本画册作了序，并高度评价这本关于阿比西尼亚的作品，认为这是"艺术家生涯的巅峰之作"。因为他在作画时没有任何羁绊，可能他从来没有想过这些野外素描会发表。福尔提司作为 20 世纪杰出的鸟类艺术家，将被世人所铭记。

参考文献

Baicich P J, and C. J. O. Harrison (1997). *A guide to the nests, eggs, and nestlings of North American birds*. 2nd ed. Waltham, MA: Academic Press.

Barrow, M. V., Jr. (1998). *A passion for birds: American ornithology after Audubon*. Princeton, NJ: Princeton University Press.

Bate, J. (1635). *The mysteries of nature and art in foure severall Parts*. London: Printed for R. Mabb.

Coues, E. (1894). *Key to North American birds*. Boston, MA: Estes and Lauriat.

Dickinson, E. C., ed. (2003). *The Howard and Moore complete checklist of the birds of the world*, rev. and enl. 3rd ed. Princeton, NJ: Princeton University Press.

Dickinson, E. C., et al., (2010). "Histoire naturelle des pigeons, or les pigeons: Coenraad Jacob Temminck versus Pauline Knip". *Archives of Natural History*, vol. 37, no. 2: 203−220.

Fisher, C., ed. (2002). *A passion for natural history: the life and legacy of the 13th Earl of Derby*. Liverpool: National Museums and Galleries on Merseyside.

Ford, A. (1969). *Audubon, by himself*. New York: The Natural History Press.

Gaskell, P. (1972). *A new introduction to bibliography*. New York and Oxford: Oxford University Press.

Gill, F. (2007). *Ornithology*, 3rd ed. New York: W. H. Freeman & Company.

Heilmann, G. (1926). *The origin of birds*. London: H.F. & G. Witherby.

Hind, A. M. (1935). *An introduction to a history of woodcut*. New York: Houghton Mifflin.

Hyman, S. (1980). *Edward Lear's birds*. New York: Morrow.

Jackson, C. E.(1975). *Bird illustrators: some artists in early lithography*. London: H. F. & G. Witherby.

Jackson, C. E. (1985). *Bird etchings: the illustrators and their books, 1655−1855*. Ithaca, NY: Cornell University Press.

Jackson, C. E.(1999). *Dictionary of bird artists of the world*. Woodbridge, Suffolk: Antique Collectors' Club.

Kastner, J. (1988). *The bird illustrated, 1550-1900: from the collections of the New York Public Library*. New York: H. N. Abrams.

Lambourne, M. (1980). *John Gould's birds*. New York: A & W Publishers.

Marcham, F. G., ed. (1971). *Louis Agassiz Fuertes & the singular beauty of birds: paintings, draw-*

ings, letters. New York: Harper & Row.

Mearns, B. and R. Mearns (1992). *Audubon to Xántus: the lives of those commemorated in North American bird names.* London and San Diego: Academic Press.

Mearns, B. and R. Mearns (1998). *The bird collectors.* San Diego: Academic Press.

Pasquier, R. and J. Farrand (1991). *Masterpieces of bird art: 700 years of ornithological illustration.* New York: Abbeville Press.

Pettingill, O. S., Jr. (1985). *Ornithology in laboratory and field,* 5th ed. Waltham, MA: Academic Press.

Rothschild, M. (1983). *Dear Lord Rothschild: birds, butterflies, and history.* Philadelphia: Balaban Publishers.

Sellers, C. C. (1980). *Mr. Peale's museum: Charles Wilson Peale and the first popular museum of natural science and art.* New York: Norton.

Senefelder, A. (1819). *A complete course of lithography: containing clear and explicit instructions.* London: Printed for R. Ackermann.

Sitwell, S. (1990). *Fine bird books, 1700–1900.* London: H. F. & G. Witherby.

Stresemann, E. (1975). *Ornithology from Aristotle to the present.* Cambridge, MA: Harvard University Press.

Tree, I. (1991). *The ruling passion of John Gould.* London: Barrie and Jenkins.

Walters, M. (2003). *A concise history of ornithology.* New Haven, CT and London: Yale University Press.

Welty, J. C. (1975). *The life of birds,* 2nd ed. Philadelphia, London, and Toronto: W. B. Saunders Company.

致　谢

　　我想感谢本书的另外两位作者彼得·卡佩恩诺罗和芭芭拉·罗兹的学术贡献，这些学术贡献对这本带有科学和历史背景的书能最终面世提供了极大帮助。

　　如果没有美国自然博物馆馆藏的珍本书籍和对开本，这个项目是不可能完成的。我要感谢所有在访问和选取作品时以各种方式协助我的图书馆工作人员。特别要感谢的是图书服务部哈罗德·伯申斯坦研究室主任汤姆·拜恩，感谢他对整个项目的指导和支持，尤其是指导我挑选珍本对开本，并指点我找到许多以前从未注意的书卷——这些书卷对最终的成品有极大的帮助。我还要特别感谢图书文物保护员芭芭拉·罗兹，她致力于维护这些宝贵的巨著，并将她的经费用于从图书馆到摄影工作室，确保这些书应该得到应有的保护。

　　我还要感谢书目记录管理的副主任戴安娜·施（Diana Shih），她提供了整个文本的出版和版本信息。

　　博物馆摄影工作室的克雷格·切斯克（Craig Chesek）专业的摄影工作和对我们无休止的要求所表现出的极大的耐心，应该得到高度赞扬。图片是这本书的心脏和灵魂，所有的图片都是克雷格拍摄的。

　　感谢莉斯·赫尔佐克（Liz Herzog）的建设性意见和评论，使得我的第一稿得到很大的提高，我也感激玛丽·力科（Mary LeCroy）和克拉姆·费舍尔（Clem Fisher）的专业评论。

　　我很感谢帮助提供书中出现的鸟类学家和艺术家的相关信息的许

多同事，特别是海恩·范·格鲁（Hein van Grouw）、贾斯丁·詹森（Justin Jansen）、斯蒂芬·范·德·米金（Steven van der Mije）和克里斯汀·杰克逊（Christine Jackson）。

我要感谢 Sterling Signature 设计团队：妍·金（Yeon Kim）和阿什丽·普林（Ashley Prine）精湛的设计工作，克里斯·汤普森（Chris Thompson）的艺术指导，萨尔·迪斯特罗（Sal Destro）和艾丽卡·施瓦茨（Erika Schwartz）制作，尤其是我的编辑约翰·福斯特（John Foster），他迁就了我各种"奇怪"的要求。特别的致谢必须给予帕姆·洪（Pam Horn），是他提出了这个项目的最初想法。

最后，我要将这本书献给我的已故的祖父斯蒂芬·詹姆斯·兰迪（Stephen James Randy），是他第一次为我展示了鸟类博物学画。

图书在版编目（CIP）数据

神奇的鸟类 / （美）保罗·斯维特（Paul Sweet）著；
梁丹译 . -- 2 版 . -- 重庆：重庆大学出版社，2023.6
书名原文：Extraordinary Birds
ISBN 978-7-5689-3861-7

Ⅰ . ①神… Ⅱ . ①保… ②梁… Ⅲ . ①鸟类－普及读
物 Ⅳ . ① Q959.7-49

中国国家版本馆 CIP 数据核字 (2023) 第 066573 号

神奇的鸟类（第2版）

SHENQI DE NIAOLEI

［美］保罗·斯维特　著
梁丹　译
刘阳　审订

策划编辑　王思楠
责任编辑　张锦涛
责任校对　谢　芳
责任印制　张　策
装帧设计　武思七
内文制作　常　亭

重庆大学出版社出版发行
出版人　饶帮华
社址　（401331）重庆市沙坪坝区大学城西路 21 号
网址　http://www.cqup.com.cn
印刷　重庆升光电力印务有限公司

开本：889mm×1194mm　1/16　印张：13.75　字数：214千
2023年6月第2版　2023年6月第4次印刷
ISBN 978-7-5689-3861-7　定价：88.00元

版贸核渝字〔2015〕第242号